《中国手工艺》编委会

主编：华觉明　李绵璐

编委：王连海　方晓阳　冯立昇　任世民　华觉明
　　　吕　军　李劲松　李晓岑　李绵璐　孙健君
　　　邱耿钰　周嘉华　周剑石　张德祥　郭　黛
　　　唐绪祥　杨　源　樊嘉禄

办公室主任：李小娟

学术秘书：李劲松

主审：廖育群

本项目得到中国科学院自然科学史研究所、
中国科学技术史学会传统工艺分会支持

中国手工艺

Chinese Handicraft

华觉明 李绵璐 主编

金属采冶和加工技艺

Mining, smelting and Processing Skills of Metals

华觉明 李晓岑 唐绪祥 编著

大象出版社

图书在版编目(CIP)数据

金属采冶和加工技艺/华觉明,李晓岑,唐绪祥编著.
郑州:大象出版社,2008.10
(中国手工艺/华觉明,李绵璐主编)
ISBN 978－7－5347－5032－8

Ⅰ.金… Ⅱ.①华…②李…③唐… Ⅲ.①金属矿开采
②冶金 Ⅳ.TD85 TF0

中国版本图书馆 CIP 数据核字(2008)第 028618 号

中国手工艺

华觉明　李绵璐　主编

金属采冶和加工技艺

华觉明　李晓岑　唐绪祥　编著

责任编辑	杨吉哲
责任校对	钟　骄
书籍设计	王翠云
出　　版	大象出版社(郑州市经七路25号 邮政编码450002)
网　　址	www.daxiang.cn
发　　行	河南省新华书店
制　　版	郑州普瑞印刷制版服务有限公司
印　　刷	河南第一新华印刷厂印刷
版　　次	2008年10月第1版　2008年10月第1次印刷
开　　本	787×1092　1/16
印　　张	16
印　　数	1—3 000
定　　价	54.00元

若发现印、装质量问题,影响阅读,请与承印厂联系调换。
印厂地址　郑州市经五路12号
邮政编码　450002　　电话　(0371)65957860－351

与手工艺同行

(总序)

  手艺具有实用的品格、理性的品格和审美的品格。

  手艺是人性的、个性的、能动的和永恒的。

  手艺的这些本质特征,决定了它蕴有重要的民生价值、经济价值、学术价值、艺术价值和人文价值。

  中国是世所公认的手工艺大国。所有出土和传世的人工制作的文物、古建筑和古代工程,都是传统技艺的产物。只此一端,可见手工艺在中华文明的发展历程中曾起过何等重大的作用。

  在现实生活中,锄、镰、斧、凿、桌、椅、床、柜、油、盐、酱、醋、纸、墨、笔、砚、青瓷、紫砂、刺绣、织锦、草编、竹编、木雕、玉雕、剪纸、年画、灯彩、风筝、金箔、银饰仍广泛使用,为人们所喜闻乐见。随着现代化程度的提升和生活水平的提高,手艺制品和手艺活动将有更大的拓展空间,从而凸现其现代价值和在维护文化多样性、保持民族特质方面的重大作用。

  手艺乃国之瑰宝。

  手艺的保护和振兴是我国现代化建设的题中应有之义。

  请珍爱手艺,与手艺同行!

华觉明
2007年9月20日

目录

绪言 /001

第一章　招远黄金采选冶炼技艺 /013

第二章　赫章、会泽的炼锌技艺 /021

第三章　阳城生铁冶铸工艺 /031

第四章　铁工具和刃具的锻造 /053

第五章　泥型和石范铸造 /097

第六章　拨蜡法 /115

第七章　收抛活和藏族锻铜技艺 /137

第八章　山西长子和山东淄博的响铜乐器锻制技艺 /151

第九章　苗族银饰制作技艺 /165

第十章　景泰蓝制作技艺 /181

第十一章　金银细金工艺 /193

第十二章　斑铜和乌铜走银技艺 /211

第十三章　金箔和锡箔制作技艺 /221

第十四章　芜湖铁画 /235

结语　传统金属工艺的当代命运 /243

后记 /246

绪 言

冶金术的发明和应用，是人类社会从蒙昧到文明的转折点。和各古老文明一样，中国从史前时代到文明时代的转变，也是以金属采冶和加工技艺的发明、金属工具的制作与使用为标志的。

和通常认为的相反，金属加工技艺的起始要先于金属的冶炼。这是因为人类最先发现和使用的是存在于自然界的天然金属，如自然金、自然铜、自然银以及陨铁（图一）。云南凉山彝族地区至近代仍有一种将天然铜熔成铜块、随后锻打成器件的传统工艺。北美洲古特纳空河流域曾发现重约2.5吨的天然铜块。早期的人们是用石楔、石锤来开采天然铜并加工成器件的。

铅的熔点低，可能是人类最早从矿石提炼得到的金属。

迄今所知最早由人工冶炼得到的铜制品是出自伊朗的泰佩·叶海亚，

图一　铁刃铜钺，河北藁城出土，晚商。刃部由陨铁锻成，与青铜钺体铸接

距今约6000年。埃及和美索不达米亚在此期间或稍后已进入铜器时代，之后又进入到青铜时代（图二）。

铜在地壳中的含量约为万分之一，可供开采、冶炼的主要是氧化铜矿和硫化铜矿。

铁的地壳丰度为5.6%，仅次于氧、硅和铝，分布亦广。但铜的熔点（1083℃）较铁（1536℃）为低，氧化铜矿物常露出地表并与天然铜伴生，较易被发现和提炼。因此，世界各地大都是先懂得冶铜再懂得冶铁。目前所知最早以人工炼铁的是安那托利亚（小亚细亚）和伊朗地区，年代约为公元前13世纪中期。公元前1000年至前800年，冶铁术逐步传播到欧洲和非洲北部，人类进入铁器时代（图三）。

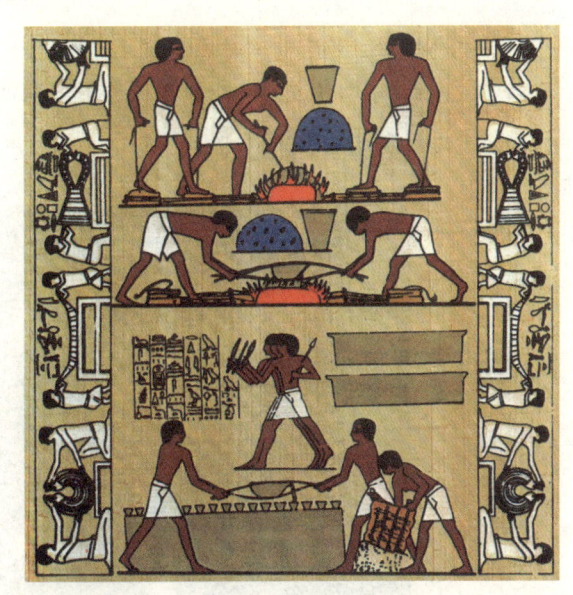

图二　青铜熔铸场景，取自埃及底比斯墓的壁画，公元前1500年

图三　锻铁场景，取自希腊陶瓶，约公元前500年

中国的金属技术较为后起。迄今已发现的中国最早的金属遗物是陕西临潼姜寨一期遗址（属仰韶文化半坡类型）出土的原始黄铜片、管，年代约在公元前3500年左右（图四）。夏代已进入青铜时代（图五），距今约4000多年，略迟于两河流域和埃及；春秋战国之交（约公元前5世纪）进入铁器时代（图六），迟于近东地区和欧洲。

卓越的创新和灿烂的技术成就是中国传统金属技术的特点，也是优点，从而形成了后来居上的态势，长期居于世界前列并对社会历史发展产生了巨大影响。

中国商周铜器的辉煌成就和在世界青铜文明中的显要地位是世所公认的（图七、图八），其技术基础即在于先秦矿师、铸

图四 原始黄铜片、管（残），陕西临潼出土，约公元前3500年

图五 铜爵，河南偃师出土，夏代

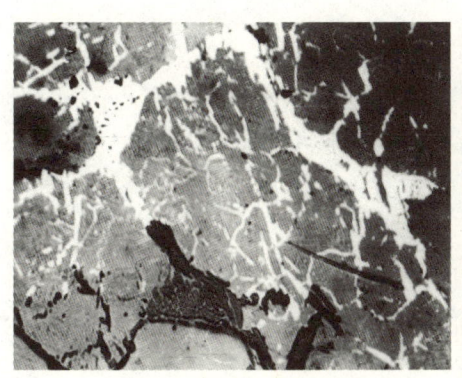

图六 生铁块的金相组织，白口铁，400X，江苏六合出土，春秋晚期

图七 双羊尊，晚商

图八 曾侯乙尊盘，湖北随县出土，战国

师所创造的木结构井巷支护体系与通风、照明、掘进、运输等采矿作业配套措施,对铜料持续供应提供保障的硫化铜冶炼技术,极尽巧思的复合陶范铸造(图九)与分铸铸接、铸铆焊、镴焊、铜焊、错金银(图十)、镶嵌等金属工艺,以及匠心独运巧夺天工的失蜡法铸造,等等。

在商周青铜冶铸技术和以铸为主的早期金

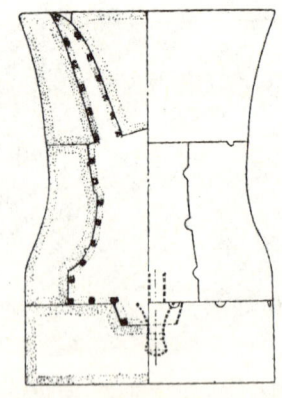

图九 罂的铸型

图十 错金豆,山西长治出土,战国

属工艺传统的基础上发展起来的中国式冶铁术,从一开始就显现了不同凡响的技术特色与先进性。中国至迟在西周晚期就发明了生铁冶铸术,比欧洲要早20个世纪。由此衍生了诸如铁范铸造、铸铁柔化术(图十一、图十二)、炒铁、百炼钢、灌钢等一系列重大发明。早在唐宋时期,以蒸石取铁、炒生为熟、生熟相和、炼成则钢为主干,辅以渗碳制钢、夹钢、贴钢等冶炼加工工艺的钢铁技术体系即已定型,其后被长期沿用,成为定式(图十三)。正如英国学者李约瑟所说:"在公元5世纪到17世纪之间,那是中国

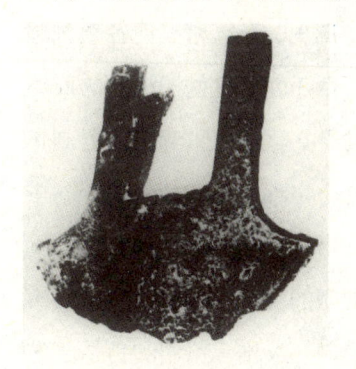

图十一 铁锸,湖南长沙出土,战国

图十二 铁锸的金相组织,黑心韧性铸铁,100X

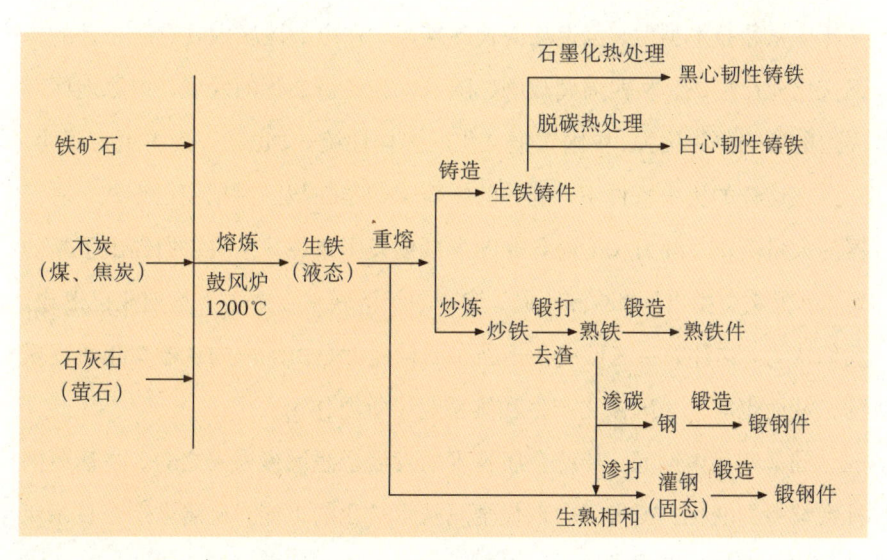

图十三 中国古代的钢铁技术路线

人而不是欧洲人能生产出他们所需要的那么多的铸铁，并惯于用先进的方法制钢。这些方法直到很久以后，西方世界仍是不知晓的。"（图十四）

图十四　沧州铁狮，五代

统观四千余年的中国金属史，青铜和黑铁各领风骚两千年，造就了灿烂的商周青铜文明和上古至近古的中国钢铁文明。在世界文化史上，青铜彝器制作和两千年的铁水长流均为中国所特有，由此在一定意义上我们可以说，中国的文明是铜和铁造就的文明。

技术和艺术的多样性统一，是中国金属文明的又一重要特征。大量事实表明，中原及其邻近地区所出商代铜器的形制、纹饰、铭制和铸造工艺是大体一致的，四川、湖广所出器物虽具地域特色，但仍和中原属于同一文化体系和技术类型。至迟从商代晚期起，在广大地域内具有统一性的青铜文化业已形成。从西周到战国，随着社会经济文化的发展，中原地区对周边的影响更为增强，中国青铜文化的多样性统一，也就表现得更为鲜明。

在这样的历史条件下，统一的铁器文明早在战国时期便已形成。对铁器的大量需求，既为农工商各业的发展创设了条件，又向它们提出了新的要求。范文澜指出：和欧洲不同，统一的经济联系在中国于早期业已形成。我们认为，这种联系之形成在相当大的程度上是由统一的铁器文化所促成的，从而也对统一国家之产生和维系起了重要作用。

约从明代中期起，传统金属技术的发展已呈缓慢停滞之势，之后更因社会情势的变化，丧失了向现代金属技术转化的可能。自清末迄今百余年间，随着现代化程度的提升，手工业生产方式渐被大机器生产所取代，有

图十五　开道大锣，直径 1 米，山西长子县，玖兴炉作坊锻制

图十六 苗女银饰

些传统金属技术如炼汞和炼铁退出了历史舞台。与此同时，仍有众多的传统金属工艺显现出强大的生命力，在社会生产和生活中被广为应用，诸如花丝镶嵌、景泰蓝、响铜器、刃具、工具以及金箔、银饰等（图十五、图十六），有的且是现代技术所未能替代的，有的如拨蜡法则因其蕴有珍贵的技术基因而为学界所看重。大量事实表明，传统的金属技艺不仅具有重要的历史价值，而且在文化、学术和经济等方面都有重要的现代价值。据此，本书除在绪言中略述中国金属技术的历史沿革和成就外，将重点介绍现存的传统金属采冶和加工技艺及其科技人文内涵，以增进人们对它的了解，促进其保护、传承与振兴。

第一章

招远黄金采选冶炼技艺

黄金因其色泽而得名。它的密度达 19.3×10^3 千克/米^3，熔点为 1063℃，化学性质极为稳定，不与水和氧气起反应，也不溶于酸和碱，延展性极好，可锻成厚度为微米级的金箔，拉伸成每米仅重 0.5 毫克的金丝。因为具有这些优异的物理、化学性能，且在地壳中含量稀少，故价格极为昂贵，按《天工开物》的说法是："黄金美者，其价去黑铁一万六千倍。"据估计，人类自远古迄至 20 世纪 70 年代，所开采的黄金总量约有 10 万吨。历史上曾多次掀起淘金热。1848 年，美国加利福尼亚州圣弗朗西斯科发现金矿，大批淘金者蜂拥而至。1851 年，澳洲墨尔本发现金矿，又一次引发淘金潮。淘金人群中有许多华人，旧金山（即圣弗朗西斯科）和新金山（墨尔本）之名即由此而来。

金矿藏分为原生的脉金矿床和次生的砂金矿床，所含金矿物分别称作"山金"和"砂金"。唐刘禹锡诗云："日照澄洲江雾开，淘金女伴满江隈。美人手饰侯王印，尽是沙中浪底来。"古时以木盘、溜槽和淘金床淘取金砂，即所谓"披沙拣金"。宋朱彧《萍洲可谈》称："两川冶金，沿溪取沙，以木盘淘，得利甚微且费力。登莱金坑户止用大木锯之，留刃痕。投沙其上，泛以水，沙去，金著锯纹中，甚易得。"《三省边防备览》载，淘金床长 1.8 米，宽 0.9 米，木架上带有竹筐，筐下置刻槽木板。矿砂倾入筐中，晃动木架，用水冲洗，金砂即沉于槽间，再扫入木盘中淘洗。古代黄金提纯使用坩埚，用牛粪灰和盐造渣，所得金块打成薄片后再剥离杂质得到纯金（详见东汉狐刚子《出金矿图录》）；另一种方法是"用水银同金属入销银罐烧炼，水银成灰，金成小粒如黄豆大"（详见《三省边防备览》)，类似现代所用混汞法。

关于金矿物的粒度分级，《天工开物·五金第八》有狗头金、麸麦金、糠金。《论衡》、《山海经》、《岭外代答》、《博物要览》等有"豆金"、"瓜子金"、"金粟"、"麦粒金"等称谓。《大冶赋》则有"落箕之豆"、"脱秕之粟"、"麸之去麸"、"尘之生曲"，前三者和现代砂金粒级中的粗粒金、中粒金、细粒金相当，后者应介于细粒金和粉金（一称灰金，粒径 0.05 毫克）之间。

《天工开物》称金色有高下，分为"七青，八黄，九紫，十赤"。金的成色在现代以K表示，纯金为24K，可用试金石由划痕颜色来判别。试金石属碧玄岩，产于北京、四川、云南等地。《众经音形义》引服虔《通俗文》称："细石谓之砆碟。磑石诸治玉，砆碟治金。"可见，试金石早在东汉已经使用。

金常作为天然金存在于自然界，为人类最早发现和使用的金属之一。埃及和美索不达米亚早在距今4000余年前已能制作黄金器件。我国在新石器时代晚期也已出现金耳环和饰件，如火烧沟文化所出遗物。四川广汉三星堆出有包金器件，年代约为殷墟早期。最早的金箔出自河北藁城中商墓葬，西周出有包金的铜矛、车衡、铜泡、铜贝等，技术已较娴熟。由地质勘探可知，我国绝大多数地区都蕴有金矿藏，矿点多达数千处，尤以山东、辽宁、吉林、黑龙江、内蒙古、河北、河南、湖南为众。以下简介山东招远市的著名黄金产区阜山镇九曲蒋家村一带的传统黄金采选冶炼技艺。

招远位于山东省东部，汉曲成县辖地，金代置县，明代隶属登州。山东登莱两州素以产金著称，其原生银金矿床早在隋开皇十八年（598）即已开采（详见《元和郡县志》）。招远属低山丘陵区，中温热液裂隙充填交代型金矿藏遍布全市，尤其集中在东部、北部、西北和西南部山区，仅阜山、玲珑、罗山、金华山一带就有两千多条可供开采的矿脉，位于罗山南麓的玲珑矿区享有亚洲金矿之冠的盛名。东北部的罗山和中部丘陵，北部与南部的低山共同构成了分水岭，界河、诸流河、淘金河、钟斋河等51条河流均为砂金富集带。这为招远黄金采选冶炼技艺的发生、发展和千年承传提供了优厚的先天条件。招远传统黄金采冶技艺主要集中于阜山、玲珑、辛庄、蚕庄、大秦家等地，尤以阜山、玲珑为最著称，目前这一古老技艺也只有这一带的老采金人还能掌握和使用。

从招远境内古坑洞发现的灼烧残迹及木炭、铁凿、铁锤、泥碗、黑陶碗等遗物来看，招远人很早就已用火爆法开采金矿。目前最早的史料见于《元和郡县志》和《萍洲可谈》等古籍。《宋史·食货志》称："天圣中（1023～

1032)，登莱采金岁益数千两。"真宗景德四年（1007），大臣潘美在招远督办金矿，使用火药开采。元丰元年（1078）全国产金一万余两，其中登莱两州产9500两，占总量的90%。元代金产量增约一倍，金户以三成课税。明世宗年间（1522~1566），因大兴土木下诏"采金以助大工"，招远金矿为之兴盛一时。天启元年（1621），明熹宗派太监魏忠贤到招远督采黄金。清初为防民众反抗，下令禁开金矿。招远传统采金冶金技艺使用铁锤、石臼、石磨、石碾、溜槽、陶尊等工具装备，经破碎、磨粉、拉流和熔炼得到黄金。从《萍洲可谈》可知，溜槽式的选矿工艺早在宋代已经应用。由于黄金是统治者严密控制的稀有资源，采冶技艺只为少数人所掌握，秘不外传。直到清道光二十年（1840），清廷国库枯竭，被迫允许"官督商办"、"官商合办"和民众自采，这一技艺才逐渐推广。光绪二十一年（1895），山东五府道台李宗岱在李鸿章支持下，筹白银45万两创办招远金矿局，仍用传统技艺采金炼金，只是把冶炼用的陶尊改为坩埚。光绪二十六年（1900），德、日、美等国企业来招远开采金矿，开始使用电力磨矿。1933年，中方曲中原与日方山崎长七、津末良介合资成立招远玲珑金矿股份有限公司，建成用机械设备日处理矿石150吨的选矿厂，冶炼时使用化工原料。民国期间，招远民间一直沿用传统黄金采选冶炼技艺。1957年，政府实行鼓励群众生产黄金的政策，招远建起了三处县办金矿（图1-1）。20世纪60年代以后，逐渐用摇床代替溜板，用捣砂机代替石磨，纯用手工操作的传统技艺开始萎缩。

图1-1 冶金老作坊

图1-2 矿石破碎

传统的黄金开采、选分和冶炼技艺主要由以下四道工序组成：

1. 开采和破碎 矿石采得之后，用重约8磅的大锤将其破碎成直径约1厘米的矿粒，每人每天可碎矿约500公斤（图1-2）。

2. 磨矿 用磨将矿粒磨成矿粉。磨为花岗岩材质，由上下两扇磨盘组成。上磨盘需重80公斤以上，厚6寸以上，俗称龙口的磨眼与磨心相距约50毫米。下磨盘有8～10齿，齿深1～2厘米。磨前须将矿砂加水拌匀，然后用铁勺舀入磨眼碾磨。选矿率的高低，决定于矿砂的细度。人力推磨十分辛苦，推磨人常哼唱小调或讲故事以减轻疲劳感（图1-3）。

图1-3 磨矿

图1-4 拉流

图1-5 金泥

3. 拉流 选矿的俗称，所用工具装备为溜板、扒子、笤帚和槽子。建造溜槽须先砌斜土台子，上置木溜板。板宽1米，长2.5米，两边置挡板，通常用柳木板，以其面糙多毛，易存积金粒，倾斜度为15～18度。扒子为木柄铁齿，也有用木齿的。齿宽及齿高均为2.5厘米，齿长19厘米，扒幅27厘米，柄长1.4米左右，齿与柄成70～80度的夹角。笤帚用高粱穗制成。槽用木制。

拉流操作看似简单，要掌握得好却很不容易。具体做法是先用铁锨将矿浆铺于溜板上端，用扒子压出一排浅沟。从板上端的大缸放水，沿浅沟流至溜板。此时须将矿浆扒松，使顺水流下。精矿密度大，积在板的上端，密度小的脉石被水冲下，这样一直到矿浆分选完毕为止，然后用笤帚把脉石扫入毛砂池（图1-4）。精矿俗称金泥，须用泥碗盛装（图1-5），烘干后，用兔腿（粘不住含金颗粒）把金泥扫到纸上，打包后存放待炼。

图1-6 冶炼

拉流工序的操作要领为：（1）矿浆在溜板上须分布均匀；（2）溜板的倾斜度须合理；（3）放水量要恰当，

图1-7 造渣

要用笤帚左右轻划或轻拍以控制水流。流量太大，易将金粒冲走；流量小，不能冲走脉石。

4. 冶炼　俗称拉火（图1-6）。使用石砌炉灶，点火后，将包有金泥的纸包放入坩埚。金泥熔化后，所含杂质逐渐蒸发，用铁钳夹出，加入芒硝和硼砂造渣（图1-7）。当金液已提纯时，倒入模具内成锭（图1-8），所得成品金从6成到9成不等。所有这些工序和整个过程全凭金匠的经验和现场感受来掌控，属于典型的非物质文化遗产。

传统黄金采冶技艺均由家族传承，现九曲蒋家村金匠有王金勇和迟孟文两位七代传人：

王金勇的先祖王文生于1766年，历经王清云（1787年生）、王永（1824年生）、王仁德（1849年生）、王茂卿（28岁起随父学艺，历时

图1-8 浇注

6年)、王登殿(1928年生,17岁起随父学艺,历时5年)到王金勇(生于1960年9月17日,18岁起随父学艺)为第七代。王金勇现年47岁,大学本科毕业,具有高级工程师职称。他多年从事黄金采选冶炼工作。1986年起,先后任阜山金矿生产科长、企管科长、车间主任、矿区主任,2001年任九曲蒋家村委主任兼黄金矿山有限公司生产技术研究所所长。黄金开采加工为该村的主业。王金勇熟谙传统技艺又懂得现代黄金采炼技术,能结合机械化作业不断改进工艺,对提高选矿回收率尤有独特的创造,呈现出新一代传人的风采。现该公司日处理矿量已由百吨增至3000吨,年产黄金8万两,为国家建设和村民致富作出了重要贡献,王金勇本人也被鲁东大学聘为兼职教授。

迟孟文的先祖迟克倍生于1789年。迟克倍之子迟郎生于1813年;其孙迟大礼生于1838年,20岁随父学艺,历时5年;玄孙迟敬伦生于1892年,33岁随父学艺,历时6年;迟孟文本人生于1948年,17岁起随父学艺,技术全面,深孚众望,现从事此项技艺的培训传承工作。

图1-9 老金匠

招远市现仍是中国最大的黄金生产基地,年产量达全国的1/7,2002年被命名为中国金都。这是招远人的荣誉和骄傲。

20世纪六七十年代以来,传统黄金采冶技艺逐渐为机械生产所替代,使这一技艺的传承甚为困难。老金匠多已年近六旬或六旬以上(图1-9),已出现后继乏人、濒临失传的局面。为收集、整理黄金生产的历史资料、工艺资料,1998年招远市政府投资100万元建立黄金博物馆。2006年,政府和金矿公司集资30万元,对传统黄金采冶技艺作普查。这些措施诚然已起了一定作用,但看来还需作更细致的调查研究,在政府主导下,根据实际情况采取措施,经由艺人、企业、社区、专家的共同努力,才能使这一珍贵的非物质文化遗产真正得到保护和承传。

第二章

赫章、会泽的炼锌技艺

锌古称倭铅，这一术语至今仍为传统金属行业所沿用。它的冶炼工艺在古籍中仅见于《天工开物·五金》，原文称："其质用炉甘石熬炼而成，繁产山西太行山一带而荆衡为次之。每炉甘石十斤装载一泥罐内，封裹泥固以渐砑干，勿使见火拆裂。然后，逐层用煤炭饼垫盛，其底铺薪，发火煅红，罐中炉甘石熔化成团，冷定毁罐取出，每十耗去其二，即倭铅也。"（图2-1）

炉甘石即菱锌矿，其主要成分是碳酸锌（$ZnCO_3$），为炼锌的主要矿料。锌的还原温度为904℃，而其沸点仅907℃，二者异常接近。所以，必须用冷凝装置回收锌蒸气才能得到单质锌。这是炼锌的困难所在，也是它之所以很迟才被提炼、应用的缘由。《天工开物》对炼锌须用冷凝装置这一关键点未予详解，称炉甘石盛产于山西太行山地区是对的，但明清时期锌的主产地已移至贵州、云南、湖南一带。

据中国有色金属设计总院在20世纪50年代和许笠于20世纪80年代在贵州赫章妈姑地区所作调查，得知炼锌原料为当地所产锌铅矿，矿物组成以菱锌矿（炉甘石）为主，还有异极矿（H_2ZnSiO_5）和硫酸锌（$ZnSO_4$），含锌量约

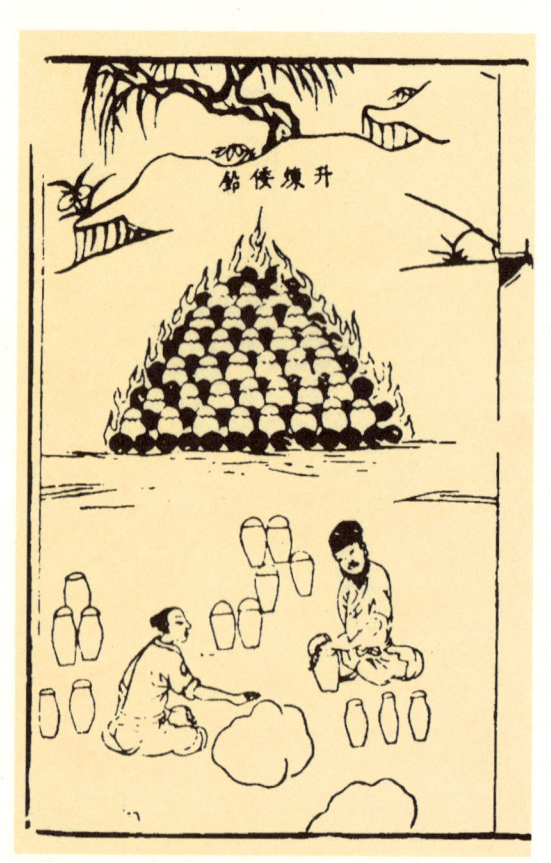

图2-1 升炼倭铅，采自《天工开物》

16%~20%。蒸馏罐用耐火泥加熟料制成，高80厘米，上部做出回收锌蒸气的"斗壳"（图2-2）。炼锌炉为长方形，长达10米，宽1.5米，俗称马槽炉，一次可放120个罐。矿石和煤经破碎、混匀，放入罐内。炉中先铺炉渣和煤，再放蒸馏罐，周围垫塞煤饼，上铺炉渣，用泥浆墁盖。点火升温后，锌矿石在高温下被还原，废气从罐盖的排气孔逸出并点燃，锌蒸气则凝集在斗壳底部，停炉后取出。所得单质锌的纯度达97%～98.7%，含少量铅和铁。熔炼的残渣还可装埚，回收其中的锌。每炉约装矿石700公斤，金属实收率为85%～90%。生产周期约一昼夜，包括制罐每炉需工匠16名。

图2-3为妈姑区砂石乡小水井村炼锌的工艺流程。所用炼炉以节为单

图2-2 蒸馏罐及斗壳

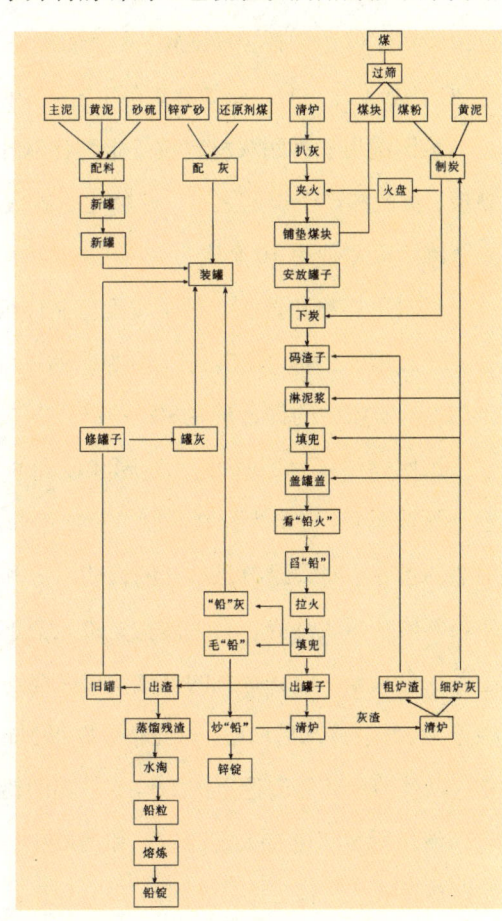

图2-3 传统炼锌工艺流程

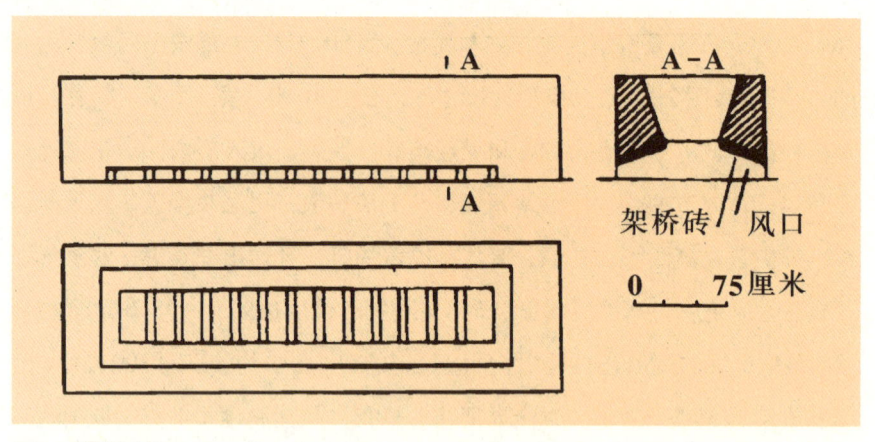

图 2-4 炼炉的结构

位,每节有 12 个炉桥,每桥放 3 个蒸馏罐,每火(一个冶炼周期称一火)可容 36 个罐(图 2-4)。每炉有炉师 1 名,工匠 2 名,一火需时一昼夜。

蒸馏罐用三种耐火材料按一定配比制作,即产于煤层之下、有黏性的黏琉、黄泥和产于煤层之上、无黏性的砂琉。罐坯须上斗壳釉,再经煅烧,一个罐可反复使用 10 余次。

燃料用煤粉和黄泥、炉灰按配比制成煤饼。

矿料配制俗称"配㺬灰",㺬为矿的古称。锌矿石磨成矿粉再和煤粉混合均匀。矿粉中的锌含量在 8%~48% 左右。

炉底铺炉灰,炉灰扒成一定形状以利通风和控温。依次铺煤和炉渣,渣层上须抹泥浆,也是为控制温度。斗壳用细炉灰和黄泥浆配成的泥灰制作。加热的前 3 小时,罐口是敞开的,使水分和挥发物蒸发。之后,用铁钎将矿料舂紧,填入斗壳,合上罐盖,进入蒸馏作业。在蓝色火焰排尽后,继之以绿色火焰,即锌蒸气的燃烧。在燃烧约 16 小时后,火渐灭,即可打开罐盖,待锌液冷却后取出,再经精炼即得到粗锌锭块。每火可得锌 20~25 千克,从残渣中还能淘选出约 2.5~3 千克的铅粒。

清代所编《道光大定府志》和《威宁县志》都说天桥银厂沟(即今妈姑区砂石乡)产锌,开采时间始于五代天福年间(936~944)。这为我国炼锌史的研究提供了重要线索。清代锌的产地主要分布在西南和华南地区的贵州、云南、四川、湖南、广西诸省。《贵州通志》记大定、都匀、遵义产白铅（即倭铅）；《湖南通志》记乾隆五十年（1785）郴州东坑湖等处产白铅18000斤，桂阳等处产白铅11万斤。

曾远荣据《本草纲目》引五代轩辕述《宝藏畅微论》"倭铅可勾金"一语，认为我国至迟在918年即已用锌。这个说法可与上述天福年间开始炼锌的记载相印证。1850年获得专利的派克斯法是利用锌可以和金、银形成化合物的特性，先除锌，再用灰吹法提纯得银。所谓"倭铅可勾金"当指用锌收集金、银，正和派克斯法的原理相同。这样看来，单质锌的提取或可上溯到10世纪初的五代。

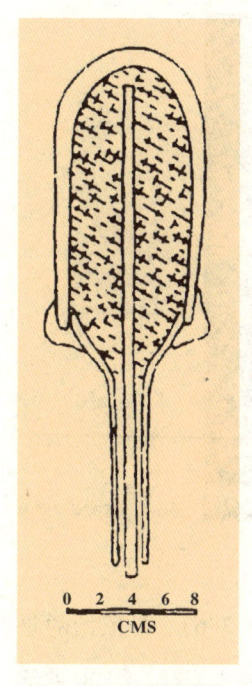

图2-5 印度的炼锌蒸馏罐

关于传统炼锌技艺，在近代曾由李建德、曹立瀛在湖南常宁、四川会理作实地考察时发现，所用矿料为闪锌矿，须煅烧脱硫，其他工艺措施和赫章地区大体类同。

梅建军对中国和印度的传统炼锌工艺作了比较研究，认为印度炼锌技术的发明早于中国。但中、印两国所用技术有明显的不同，印度是采用下冷凝式（图2-5），中国是采用上冷凝式。这是两国不同的工艺传统所决定的，可见印度和中国的传统炼锌技艺应是各自独立发明的。

锌在公元16世纪传入欧洲。1745年有一批金属锭从广州运至瑞典，但货船在哥德堡港沉没，其中一部分锭块在1842年被打捞出来，经化验证实其为纯度达98.99%的锌。看来中国的锌锭早就出口到欧洲，对近代欧洲炼锌业的发展是起了推动作用的。

1996年和2000年5月，李晓岑对祥云的白族炼锌、会泽的汉族炼锌作了调查。现以会泽矿山镇炼锌为例简述如下。

图 2-6 蒸馏操作场景

会泽传统炼锌主要分布在者海乡、矿山镇等（图 2-6）。最原始的是马槽炉式炼锌，20 世纪 70~80 年代以后发展为马鞍炉式炼锌，约 20 世纪 90 年代，有些冶炼场已采用平炉式炼锌，这是接近现代炼锌的一种类型，真正意义上的传统炼锌应指马槽炉炼锌。其主要步骤为：制作蒸馏罐——配矿石——扒灰——码渣子——淋泥浆——做兜子——舀锌——熔炼等，可分为蒸馏前的操作、蒸馏操作和后期操作。

1. 蒸馏前的操作

制作蒸馏罐用三种原料，即耐火泥、黄泥和沙子，用脚踩匀后做出泥坯。罐坯做好后，在工棚中阴干（图 2-7）。为防止漏气，要在罐上施釉，再放到窑中经一昼夜的焙烧即成。

蒸馏罐下部为圆锥形，以便炉内通风、火势均匀。罐长 90 厘米，外径 24 厘米，内径 18~20 厘米。一般每个罐子可用 5~6 次。专门做罐的工人，一天可做 100~150 个蒸馏罐。马槽炉下口宽 70 厘米，上口宽 100~120 厘米，每座炉有 10 多个炉桥，多的可达 20 来个炉桥，每个炉桥放 3 个蒸馏罐。这样，每座炉可放 30~50 个蒸馏罐。

图2-7 会泽的蒸馏罐

制炭用煤粉、黄泥和炉灰制成"炭巴",作为燃料同时也是蒸馏罐的支撑物。许笠调查的贵州赫章炼锌,这三种物料的比例是煤54%、黄泥32%、细炉灰14%。

矿石用锤打成颗粒,以不超过1厘米为度,再进行筛选。用无烟煤加矿石(1:2)入罐,无烟煤起还原的作用。若矿石与还原剂的比例不当,锌的回收率就不高。每罐约加矿石8~10千克。铅锌矿产于会泽当地,含锌16%~25%,品位较高的有40%。矿石每吨约700~800元。

炉底要垫上厚厚的细炉灰并扒成一定形状,这是为控制炉子的通风状况。炉师说,扒灰的高低很重要。一般多扒成拱形,扒高了或扒低了,会影响内风口的面积,火力不好。

2. 蒸馏操作

在炉上安放蒸馏罐后点火,罐中倒入矿料。经5~8小时的加热,矿石开始升锌。

码渣子 在罐外3~4厘米处,用炉渣子码起来,对蒸馏罐上端起冷却作用,促使锌蒸气凝结。因炉温约有1200℃~1300℃,但炉渣层只有800℃左右，在冶炼过程中，气态的锌就能冷凝为液态的锌。炉温最高可达1800℃但不能超过2000℃，否则罐会烧坏。

淋泥浆　在炉渣层上浇泥浆是为控制炉温。泥浆淋得过早，炉温升得太快，易使蒸馏罐损坏。过晚则炉温不足，影响锌的还原。淋泥浆用黄泥或红泥配炉灰，这和赫章的做法是相似的。

做兜子　把黄泥加15%的泥浆拌湿，就可以在罐上做兜子。这一操作较简易，云南的俚话说："一拳就可打个凹凹做兜子。"蒸发的锌进入凹型的兜子中，并沉积起来。兜中不留孔，但可以做得较松，这样，锌的蒸气仍可以冒到兜中。兜只能使用一次。赫章炼锌做兜时预留有"兜鼻子"，这是两地明显不同之处。

"铅火"即锌火也叫煤气火。冶炼1～2小时后，可燃性的黄色气体就从蒸馏罐中逸出，这是一氧化碳。再过2～3小时，矿石升锌，黄色火焰变成绿色火焰，这是锌蒸气在燃烧，故又称"锌火"。

3. 后期操作

舀锌　炉子燃烧20多小时后，煤气火渐渐熄灭，说明反应趋于结束。这时就可以将锌液从罐中舀出来，开始回收。一般是待毛锌冷凝成块后，用铁钩夹出来，称为"钩盐巴巴"。然后将泥灰做的兜破坏掉，将炉渣扒开，取出的罐子还可再用。

精炼　毛锌含杂质很多，须再精炼提纯。可使用普通坩埚，熔炼时，用铁勺不断翻动，称为炒"铅"，最后铸成锌锭。

会泽的炉师说，10千克锌矿石可炼得2～2.4千克锌，回收率为60%～70%。2000年，每千克锌可卖7.5元。传统炼锌与《天工开物》所载相近，对环境有严重污染。

冶炼过程中使用的工具有通火用的铁棍、破碎矿石用的铁锤、筛矿石用的竹箩筛、夹罐用的铁钳、夹毛锌用的铁钩、夹罐用的铁钳等。

以上可见会泽炼锌工艺与贵州赫章相似，但做兜子等少数步骤有明显不同。

  滇东北及其他地区的传统炼锌技术已不符合时代要求,且严重污染环境。从技术史的角度看,这些炼锌方法对炼锌起源、传播和工艺研究有重要价值,为国际学术界所关注。建议进行资料性保护,以摄像、摄影和文字记录等方式予以立档,条件具备的地区可予陈列和展示。

第三章

阳城生铁冶铸工艺

中国是世界上最早发明生铁冶铸术的国度，由此创建了具有特色、与古代西方判然有别的复合式钢铁技术体系（图3-1、图3-2）。早在先秦时期，中国的铸师们就发明了铁范铸造、铸铁柔化术等领先于世界的先进技术，从而缔造了辉煌的铁器文明，对中华民族的历史发展起到了巨大的推动作用（图3-3、图3-4）。传统的生铁冶铸技术在清末民初仍被广泛应用，之后，随着工业化的推进，手工业技术被现代技术所替代，传统冶铁业也逐渐退出历史舞台。

山西是我国冶铁术发源地之一，晋城、阳城地区历来为铁业之重镇。《左传》昭公二十九年称：该年冬，赵鞅和荀寅率军队在汝水之滨筑城，向晋国

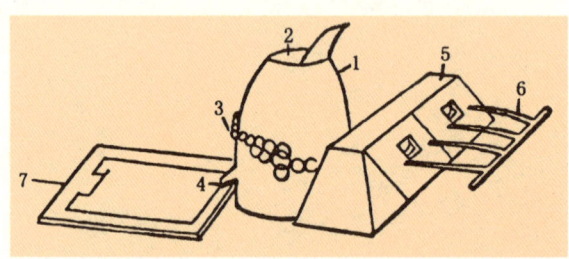

图3-1　中国古代的炼铁竖炉

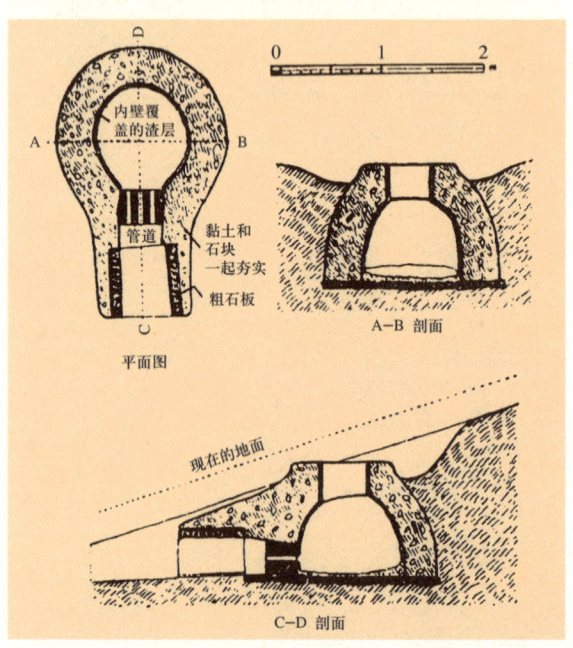

图3-2　欧洲古代的块铁炉

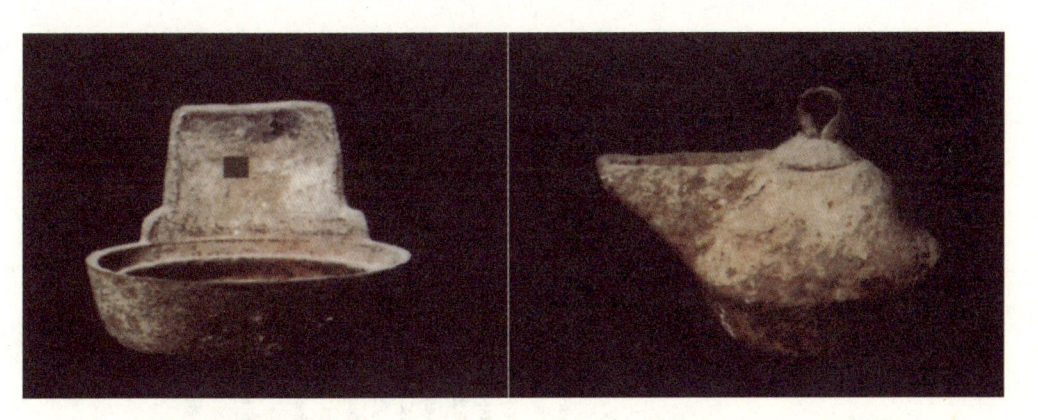

图 3-3 油灯和窑灯

图 3-4 铁镰

征收生铁用来铸造刑鼎（图3-5）。这是古代文献有关冶铁的最早记述。汝水在黄河之南，正与晋城、阳城等三晋产铁之地隔河相望。

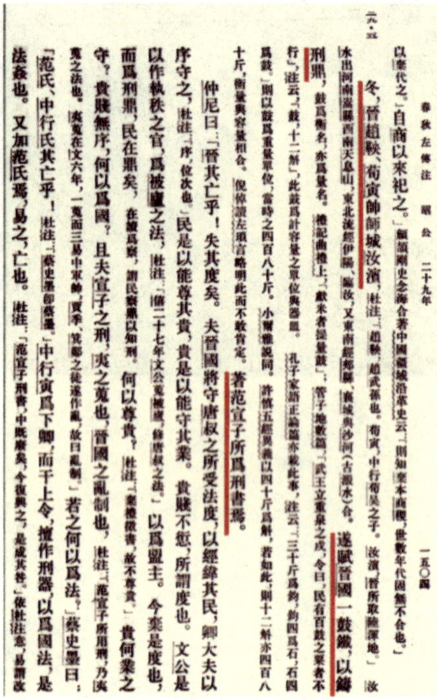
春秋左傳注　昭公　二十九年　一五〇四

以棄代之。」自商以來祀之。」顧頡剛史念海合著中國疆域沿革史云：「則知棄本商稷，世數年代固無不合也。」

冬，晉趙鞅、荀寅帥師城汝濱，杜注：「趙鞅，趙武孫也。荀寅，中行荀吳之子。汝濱，晉所取陸渾地。」汝水出河南嵩縣西南天息山，東北流經伊陽、臨汝，又東南經郟縣、襄城與沙河（古濦水）合。遂賦晉國一鼓鐵，以鑄刑鼎，鼓爲衡名，亦爲量名。禮記曲禮上：「獻米者操量鼓」，管子地數篇：「武王立重泉之戍，令曰：民有百鼓之粟者不行」，注云：「鼓，十二斛」，此鼓爲計容量之單位與器皿。孔子家語正論篇亦載此事，注云：「三十斤爲鈞，鈞四爲石，石四爲鼓。」則以鼓爲重量單位，當時之四百八十斤。小爾雅說同。許慎五經異義以四十斤爲斛，若如此，則十二斛亦四百八十斤，衡量與容量相合。倪倬讀左瑣言略明此而不敢肯定。著范宣子所爲刑書焉。

仲尼曰：「晉其亡乎！失其度矣。夫晉國將守唐叔之所受法度，以經緯其民，卿大夫以序守之，杜注：「序，位次也。」民是以能尊其貴，貴是以能守其業。貴賤不愆，所謂度也。文公是以作執秩之官，爲被廬之法，杜注：「僖二十七年文公蒐被廬，修唐叔之法。」以爲盟主。今棄是度也，而爲刑鼎，民在鼎矣，在鼎爲察，謂民察鼎以知刑。何以尊貴？杜注：「棄禮徵書，故不尊貴。」貴何業之守？貴賤無序，何以爲國？且夫宣子之刑，夷之蒐也，晉國之亂制也，杜注：「范宣子所用刑，乃夷蒐之法也。」夷蒐在文六年，一蒐而三易中軍帥，賈季、箕鄭之徒遂作亂，故曰亂制。」若之何以爲法？」蔡史墨曰：「范氏、中行氏其亡乎！杜注：「蔡史墨即蔡墨。」中行寅爲下卿，而干上令，擅作刑器，以爲國法，是法姦也。又加范氏焉，易之，亡也。杜注：「范宣子刑書，中既廢矣，今復興之，是成其咎。」依杜注意，易謂改

图3-5　《左传》有关晋地炼铁的记载

历史悠久、品类齐全、技艺高超、规模宏大，是晋城和阳城冶铁业的鲜明特征。阳城地区拥有以方炉和犁炉炼铁、炒铁、铸铁、铁范与犁镜铸造等成套技术，其中，犁炉炼铁和铁范的犁镜铸造一直沿用至20世纪90年代，技艺精湛且延续时间最长，至今仍有多名传承人和作坊存世，并葆有犁炉、铁范、犁镜等大量实物，堪称中国生铁冶铸技艺的代表作和活化石。

阳城生铁冶铸技艺蕴含着珍贵的科学技术基因和丰富的人文内涵，它是中国人智慧、创造力和民族凝聚力的历史见证，是典型的非物质文化遗产。2006年6月国务院颁布首批国家级非物质文化遗产名录，阳城生铁冶铸技艺经多位专家郑重推荐入选（编号：385），这是阳城人的光荣和骄傲。

一、坩埚炼铁

坩埚炼铁是中国特有的炼铁技术。《咸丰青州府志》说："康熙二年，孙廷铨召山西人至此，得熔铁之法。凿取石，其精良为矔石，次为硬石，击而碎之，和以煤，盛以筒，置方炉中，周以礁火。初犹未为铁也，复取其

图3-6 方炉及其炼铁场景

恶者，置圆炉中，木火攻其下，一人执长钩和搅成团出之，为熟铁，减其生之二焉。"这一技艺分布于山西、河南、河北、山东、辽宁等省，而以晋城、阳城地区最盛。坩埚由坩子土、灰土制作，使用富铁的窝子矿，埚内装矿石、无烟煤和黑土。每炉可装上百个坩埚，以无烟煤为燃料，炉温高达1450℃，鼓风约一昼夜出铁。

炼铁炉按炉体形状称作"方炉"（图3-6）。炉墙用土坯或炉渣砌成，耐火黏土内衬厚30~40厘米，需经常修理。炉基用红土打成，上部铺垫炉灰。通风道用精磨的青砖砌成方孔形，有向上的11~13度斜角，使风道出口形成涡流。如无砌炉经验，风道通风不均匀，造成炉内风流不匀，则处于不同位置的坩埚受热不匀，温度和熔化速度不一，将严重影响炼炉操作的正常运行，出铁率相差很大。

炼铁坩埚系用坩子土制作，高约30厘米，外径约20厘米，壁厚0.4~0.6厘米（图3-7）。坩埚须在烘窑内加热两昼夜，每个坩埚只能用一次。炉

图3-7 制作坩埚

图 3-8 拣选坩埚铁及需重炼的铁粒

料多采用废旧的铁料,或用灰口铁加部分犁镜铁。据说先前可全部用犁镜铁为原料炼出灰口铁,但其法现已失传。浇铸铁范的铁水,先用坩埚熔炼。熔炼时,先在炉底铺一层坩埚片,高约20厘米,上放约30厘米的无烟煤,再放入坩埚。每个坩埚内配铁矿石10～15千克,铁料表层另放木炭约1厘米,以防止铁水氧化。坩埚上面再加炭块,使之全被遮盖。燃料使用无烟煤。

坩埚炼铁的操作要点:

1. 配料比例要准确,黑土过多过少均不利于造渣、还原。矿石粒度细、混料均匀、水分恰当时,出铁率高。

2. 制作坩埚的原料要纯,坩壁厚薄要均匀一致,烘烤要透,否则易开裂。

3. 鼓风要恰当,开始鼓风的最合适的时间是在底炭燃烧将近一半时,炉内发出咕嘟咕嘟的响声,这时给风,则所出的铁质量好,产量高(图3-8、图3-9、图3-10)。

> CHINESE CRUCIBLE PROCESSES
>
> another picture (Fig.17) by the same painter.* The character and dimensions of these furnaces may be borne in mind when considering the Chinese ones of similar and earlier date.†
>
> It may be convenient here to summarize the foregoing facts in the form of a diagram. This may help our consideration of the Chinese processes. The meaning of the Chinese terms inserted will be explained in the following pages.
>
> CHINESE CRUCIBLE PROCESSES
>
> All these preliminaries having been completed we are in a position to understand the iron metallurgy of China and its application to weapons of war as well as tools of crafts and agriculture. In Asia events had taken a quite different course. In India, apparently from a very early time, steel had been produced either from bloom iron or directly from black magnetite ore by packing it in refractory clay crucibles together with a mass of chips of particular woods and leaves of special plants. This empirical method delivered exactly the right amount of carbon to the iron, and the so-called "wootz" steel which it produced enjoyed for many centuries a world-wide renown.‡
>
> But crucible processes were also prominent in the Chinese siderurgical industry. In some provinces, such as Shansi, the iron ore was reduced in batteries of elongated tube-like crucibles (*khan*)⁴⁰ packed in a mass of coal.∥ The early use of coal in China for smelting is extremely important and goes back to the +4th century at least.§ The crucible method produced true cast iron, or sometimes a mixture of cast iron lumps and masses of bloom iron which were separated mechanically by hand after cooling.¶ It is known to us mainly through the detailed accounts of modern observers** (*cf.* Figs.18, 19a, b, 20, 21, 22, 23), for references to it in Chinese texts are relatively infrequent, probably because it was confined to certain provinces. Read's investigation in Shansi revealed the very interesting fact that a small amount of "black earth" (*hei thu*)⁵¹†† was habitually added to the ore by the smelters to promote full fusion of the metal and its perfect running in thin moulds. This turned out to contain abundant crystals of

图 3-9　李约瑟关于方炉炼铁的论述

图 3-10　阳城润城小寨的明代城墙，用坩埚炼渣和河石砌筑

二、犁炉炼铁

犁炉是和苏炉齐名的传统型式的熔炼炉。炉由上、中、下三节构成，通高 240～300 厘米，外径 100 厘米多。上节高 100 厘米许，称作炉身，其内壁为喇叭形。中节高 100 厘米许，称作炉腹，其内壁为复杂的曲线形，铁矿

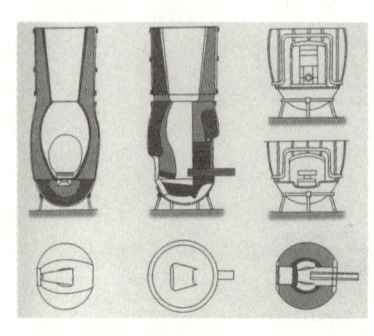

图 3-11 犁炉剖视图

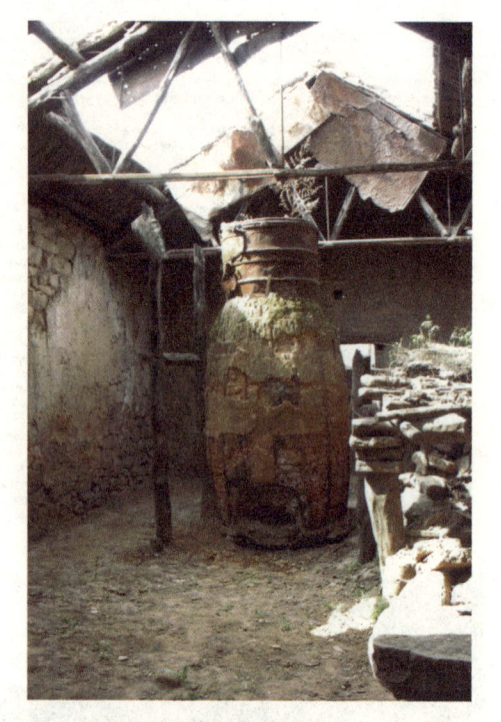

图 3-12 犁炉，现存横河犁镜厂

石的还原和铁水增碳等主要冶金过程在这里进行。下节为炉缸，俗称炉盆或金盆，其作用为储存铁水与调整铁水的含碳量（图3-11）。

为加强炉体，须在炉外用铁筋与铁箍加固。上节和中节各加三道铁箍，箍内再加铁筋，每节约打锻制的铁筋16条（图3-12）。

砌炉、修炉和制作风管所用原料分别是由石英砂加工而成的"宝石"以及石英砂、红土和坩子土。优质石英砂的石英含量在90%以上，耐火度高，稳定性好，均产自本地。"宝石"尺寸：27厘米×27厘米×7厘米；23厘米×23厘米×7厘米，这种砂岩呈黄白色，石英含量在95%以上，可用于砌犁炉。压碎的石英砂则是修炉用的耐火材料。烧砖用的陶土又称红土，用于修砌犁炉、制芯和调制涂料。坩子土呈白色，即白黏土，用于制作风管和打制炉缸。

犁炉以木炭为燃料。最好的烧炭木料为江木（图3-13）。阳城犁镜原产

图 3-13 木料（右）及烧炭场所（左）

图 3-14 铁矿石

于河南省新安县白沙镇，后来由于当地木炭供应不足，才逐渐北移，先是到济源县北部太行山区，接着到了阳城县南部的太行山区。阳城县有广阔的江木、千荆木等适于烧木炭的山林。但山林砍伐后的恢复期较长，短则三五年，长则七八年。

木炭烧制要求"三茬七炭"（即七成成炭，另三成仍为木茬），如此强度较高，不易压碎。阳城应朝铁厂和济源潘村炼铁厂都曾试用无烟煤作燃料，但因含硫过高，产品质量不能过关。阳城县周围山岭都埋藏着铁矿、无烟煤、白云石、石灰石和耐火黏土等，特点是量大、质好、距地表浅，因此很久以来就开采了大小不下三百眼矿洞。

铁矿多是含铁很丰富的赤铁矿，矿石呈红色夹黄褐脉石，断面致密，性脆，易破碎，密度大，耐火度低，容易还原（图3-14）。矿床多是大小深度不同的"窝矿"，各窝成分除个别外，都极相似。采得的矿石须经破碎（图

图 3-15 砸矿石　　　　　　　　　图 3-16 为犁炉加料

3-15），经高温焙烧，去除硫分，方可入炉，焙烧时间长达 30 小时。以木炭为燃料和还原剂。

犁炉由人工加料（图 3-16）。炉的两侧为加料台，高近 1.5 米。炉后置风箱，炉前分置水池、木杠、铁范和涂料。

传统的鼓风设备是木风箱，近代已用鼓风机代替。犁炉生火后约 5~7 分钟，炉口即冒浓烟。随着浓烟的减少，炉内温度逐渐上升。此时插入风管，拉动风箱，半小时后即可加入引铁——犁镜碎块约 4 千克，继而加入铁矿石。开始每次加入 5 千克左右，其后逐次增加。通常每层炉料为铁矿石 15 千克，木炭 35 千克，每小时加 4 批料，4 小时后即可出铁（图 3-17、图 3-18）。初次出铁量少，仅 3~6 千克，只能浇注一二片犁镜，6~7 小时后，炉况正常，约每半个小时出铁一次，每次铁水 10~15 千克。每半小时至 1 小时出渣一次，每次渣量 3~4 千克。风箱的内腔尺寸：142 厘米 × 41.4 厘米 × 72 厘米，由两人来回拉动。由于不用熔剂，渣量少而黏滞，有时需炉工扒渣。渣中常杂有直径小于 1 厘米的铁豆。因渣稠，铁水通过渣层滴落的速度很慢。

犁炉铁水成分的炉前控制称为"看火色"与"看水色"。看火色是依据出铁口喷出的火苗和由铁口看到的炉缸内铁水状况，来判断炉况和铁水成分是否合格。如火苗明亮发白，说明炉矿正常。如火苗呈红黄色，则炉温偏低。铁水含碳量低，称为"硬水"。看水色是用长柄小铁勺（内涂涂料并

图 3-17 出铁

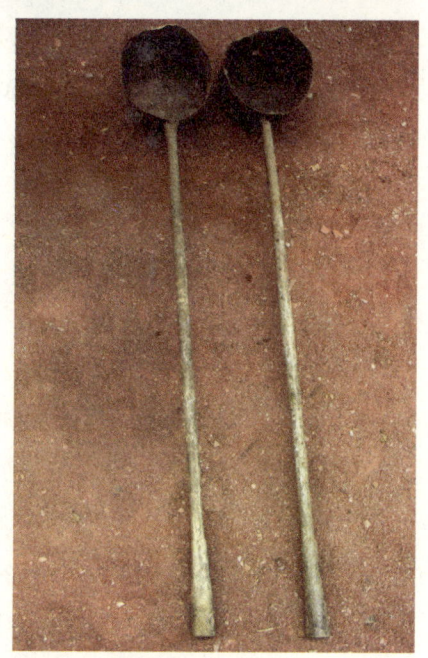

图 3-18 浇铸时使用的大舀勺

烘干）由出铁口伸入炉缸，舀出些铁水，用嘴轻吹铁水表面。如铁水表面红里透灰，表明有石墨漂浮，含碳量偏高，称作"穰水"。犁炉炉前工负责看火色和水色，以此为依据设法调整铁水成色，故传统上称之为"看火师傅"。

铁水是否可供浇注，在犁炉社是由看火师傅根据炉缸内铁水色泽、出铁口火苗和看水色的结果作综合判断后确定的。以试样化验数据和看火师傅的判断作对比，在"水硬"时，铁水含碳量均小于3.9%；在"水穰"时铁水含碳量均大于4.5%。这种炉前控制的传统技术，具有简便、准确、快速、高效的特点，确有其高明和独到之处。

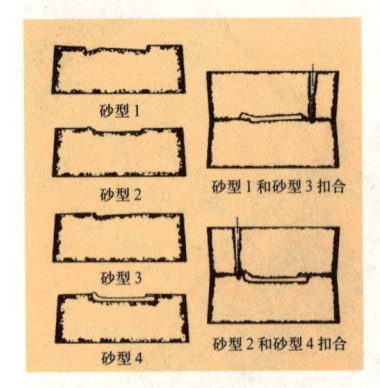

图3-19 犁面盒的铸型，由犁镜实物翻制
砂型1~4，扣合后铸得盒子的上下扇

出铁时用手包承接，铁水表面要洒黄贝草灰，其作用与稻草灰相似，是为保护铁水免受氧化。由于铁水温度仅1180℃~1120℃，从出铁到浇注必须十分紧凑，浇注地点离出铁口仅1.5~2米，完成这一套工序的时间不超过10秒。浇注速度宜先快后慢，以保证充型完全。

三、犁镜的铁范铸造

采用铸铁金属型——铁范来成批铸造生铁铸件，是中国冶铁技术的重大创造。《汉书·董仲舒传》载："犹金之在镕，惟冶者之所为。"注："谓铸器之模范也。"从战国起，铸师们在长期实践中逐渐摸索并创造出一套合理可行的工艺技法：由泥范翻铸铁范，再由铁范翻铸铁器。

从战国初中期到汉魏时期，铁范被广泛用以铸造铁农具和手工工具，以其生产率高、经久耐用、产品规格整齐且有利于经高温热处理变质成为高强度的韧性铸铁件，而对社会经济的发展起到重要的促进作用。

阳城犁镜的生产起自何年代，迄无文献可考。据说是在明末由山西晋城犁川（一说由河南禹县）传至新安县白沙镇（所以又称白沙犁镜），再迁至济源北部太行山区。新中国成立前，河南沁阳（即怀庆）商人雇用济源铸匠，于秋季种麦时节到阳城开炉铸镜，新中国成立后，犁镜生产虽归手工业管理部门经管，但技术人员仍多由济源人担任。之后，犁镜铸造技术逐渐为阳城本地工匠所掌握。

铸造犁镜所用铁范，俗称"犁面盒"或简称"合子"。阳城所用犁面盒，先前由上芹村李氏家族供应。它是用实物作模，通过多次翻制得到四件砂型，两两扣合，浇铸后即可获得一副铁范，技艺高超简便易行，且扣合严

图3-20 铁范

密、形制规整，颇见工匠之巧思（图3-19）。一副上好的犁面盒子可使用10多年，浇铸次数达3万次以上。

铁范材质多为灰口铸铁，以其热稳定性好、有较好强度和一定的韧性，故能经受高温

图3-21　为铁范上泥芯和刷涂料

图3-22　犁镜的浇铸

图3-23　出范时的犁镜

铁水冲击及热胀冷缩对金属组织的历练，有较长的使用寿命（图3-21）。

铁范在浇注前须预热和刷以莞荆木炭调制的涂料。莞荆是一种野生植物，其块根可烧制木炭。采自横河的莞荆木炭粉所含固定炭约为79.97%，挥发物13.89%，灰分6.14%。浇注过的铁范须刷涂料3～4次（图3-22）。浇注时，铁范温度为40℃～50℃。铁范在浇注时与地面成30度角。工匠即以脚踩住铁范以防跑火，表现了娴熟的技巧（图3-23）。浇后由浇口倒出未凝固的铁水，迅即打开铁范，取出犁镜。此时的犁镜仍通体透红（图3-24）。自然冷却后，再打掉飞边和毛刺，即得到成品。犁镜是用高碳、低硅的白口生铁铸成，含碳量通常在共晶点（4.5%）附近，磷、硫含量低。它的金属组织是白口铁，性脆硬，利土不粘且价格低廉，故深受广大农户欢迎（图3-25）。有些农民每年犁耕之后，把犁镜从犁上卸下，用布包裹置于干燥场所。

图 3-24 铁范和犁镜

图 3-25 阳城铁山犁,安有疙瘩犁镜

第三章 阳城生铁冶铸工艺

好的犁镜往往能用上10多年。

相传阳城犁镜有500多种，经李达先生等在阳城、济源广为调查现知有265种。它们不仅形制有别，重量也相差很大，最重的达4.25千克，最轻的约1千克；经常生产的约100种（图3-26、图3-27、图3-28）。这是因为犁镜销售地域广阔，而各地区地貌、土质、作物、耕畜及耕作技术不同，须因地制宜地备有多种规格以适应农耕的需要。但品种过多又造成产销不对路、难以卯合等弊端，因而有"错贩犁镜饿死人"这样的俗谚。究其原因：一是受到小农经济的局限，各自为政，未统一产品的品种规格，再一是犁镜和犁铧异地制作，结构与型式多有差异，从而加剧品种与规格的繁杂。

无论犁镜的整体轮廓为何种形状，其工作面总是呈弧形的曲面，以利将犁起的土块翻转成垄。犁镜在和土块擦磨的过程中，镜面能保持光亮，这是犁镜得名的由来。

犁镜的质量要求，有公认的"十不收"验收标准：（1）黑筋。当铁水含硅、碳量高时，可产生石墨漂浮，使镜面有黑筋，耕作时不利土。（2）麻面。犁镜表面凹凸不平。（3）豁鼻。镜背穿孔处在冷却后开裂。（4）热炸。即热裂，犁镜在浇注、冷却过程中即生成裂纹。（5）边不圆。犁镜外廓形状不规整。（6）口不齐。犁镜与犁铧相接处不齐整，难以安装。（7）声不脆。犁镜敲击时声音不清脆，表明铁质不良。（8）浇不足。犁镜在浇注时充型不全，形成缺肉。（9）有孔洞。严重的孔洞性缺陷是不允许的，但存在皮下气孔不算废品……正由于生产者和收购、贩运者都能坚持"十不收"这一验收标准，视之为必须遵奉的职守所在，所以，阳城犁镜历来以质优价廉著称于世，成为公认的名牌产品，历久不衰。

随着社会经济的转型和农业机械的推广普及，对犁镜需求量锐减，又由于用木炭作燃料，涉及生态环境的保护，导致犁镜生产萎缩。20世纪80年代后期，横河、桑林、马甲等地仍有少量犁炉在生产，近年已全部停产，艺人

图 3-26　不同型式的犁镜　　图 3-27　不同型式的犁镜

图 3-28　不同型式的犁镜

渐趋衰老，工具装备散失严重，亟待抢救保护。

目前，原先的作坊和冶铸实物、工具保存较好的是横河犁镜厂（图3-29、图3-30）。横河位于阳城县南部山区。其周边为桑林、马甲、东冶、三窑、西交、李圪塔等地。其地貌多山地和丘陵，盛产江木、千荆木等山林，适于烧制优质木炭。横河矿藏以煤、铁为主，铁矿资源丰富，俗称"窝

图 3-30 犁镜厂夜景

图 3-29 横河犁镜厂

子矿"的富铁矿为主，储量小但分布广，矿层接近地表，易于开采。煤矿质优量丰，可用作坩埚炼铁的燃料。横河犁镜厂附近山区还出产优质的耐火材料，如石英砂岩、石英砂、坩子土等，所以历来是阳城犁镜的主产地之一。该厂虽于1998年停产，但仍有相当数量的艺人健在。在上级主管部门支持下，横河犁镜厂将得到及时有效的原址保护。

四、阳城生铁冶铸技术的历史渊源及其传承

阳城自古就有发达的冶铁业。据《隋书·百官志》记载，北齐时，阳城曾设冶铁局。《新唐书·地理志》列有山西11个冶铁局，阳城泽州为其中之一。又据《晋城县志》称，东西宋王山一带唐宋时代的炼铁炉渣堆积

如山，有的填平沟壑，足有百万吨以上。这样大规模、长期的炼铁生产，促使制铁业十分发达，铁产品有百种以上。北宋时，阳城已成为全国主要产铁地之一，官办的"大广冶"即设于泽州。明洪武初年在全国开铁矿13处，泽州为其中之一。明成化十二年《山西通志》称："铁，唯阳城尤广。"明清时期，泽州除冶炼生铁的"方炉"、炒炼熟铁（低碳钢）的"炒炉"之外，

图3-31　晋城市和阳城县领导在横河镇考察犁镜冶铸技术

图3-32　阳城生铁冶铸技艺展览设计研讨

铸造铁器的"货炉"，锻打铁器的"烘炉"、"条炉"，以及打制铁钉的"钉炉"等也大量发展起来。清道光年间，凤台（即晋城县）一县有生铁炉1000多座，熟铁炉100多座，日产量达200吨。除铁、煤之外，钢针、铁锅、铁钉、犁铧、犁镜以及名牌产品"泰山叉"剪刀等也纷纷销往各地，不少商贩"跋涉数千里率以为常"，以至有"平阳泽潞豪商大贾甲天下"之说。德国学者李希霍芬在一份调查报告中说："在欧洲的进口货侵入（中国）之前，有几亿人从凤台县取得铁的供应"，"大阳镇的针供应这个大国的每一个家庭，并且远销中亚一带"。所有这些，都表明阳城成为中国生铁冶铸技艺代表作产地绝非偶然，而是有其深厚的历史、地缘和人文渊源的。

鉴于生态保护的需要和农业机具更新换代的实际，阳城生铁冶铸技艺采取文化记忆的保护形式是更为恰当的。在阳城县政府领导下，由该县文化局、中国科学院自然科学史研究所和清华大学美术学院合作，通过实地

考察和采访，已在原先的研究基础上，收集了大量文献资料和实物资料（图3-31）。据此筹办的《阳城生铁冶铸技艺展览》内容丰富，陈列水平较高，位于该县著名人文景点皇城相府之内，深受群众欢迎（图3-32）。

阳城生铁冶铸技艺的著名传承人有以下12位：

李生才，男，1890年出生，卒于1961年，阳城县上芹村人，铁范制作工匠。14岁便随父学艺。1954年，他到河南开封学习，次年到阳城县城关铁业社创制单耕犁和双铧的犁镜合子。1958年，入西关联合厂专事犁镜铁范的研制，直至病故。

张文法，男，已故，为阳城犁镜生产的先驱。原籍河南省北堰头，后逃荒到蟒河镇下桑林村熊柏庄落户。他将犁镜生产技艺全部传于后人，使阳城人从此掌握了这一技艺并延续至今。

张锁明，男，已故，蟒河镇下桑林村熊柏庄人，为张文法之子。他继承父业，一生带徒数十人，分布于阳城县各个犁镜社。技术特长为修筑犁炉、看炉等。

王辛酉，男，1934年出生，横河镇受益村人，为张锁明之徒张三考的徒弟。20世纪50年代横河成立犁炉社，他任第一任炉头，后为犁镜厂厂长。

张原明，男，1924年出生，蟒河镇桑林村人，为张锁明的妹夫。1941年，17岁随岳父张文法学徒，技术特长为看炉、认水色、倒犁镜。

上官全贵，男，1925年4月出生，董封乡口河村人。1957年任口河犁炉社社长，负责犁炉生产恢复工作，1971年调横河犁炉社任社长。

酒虎成，男，1926年出生，蟒河镇桑林村人。打儿时同张锁明光屁股长大，为铁哥们。18岁开始在炉前打杂，后来跟张锁明当学徒，掌握犁镜生产全面技术，出师后到杨柏、天井等地任炉头，带张小罗、张小同为徒，是当地有名的炉工。

石明轮，男，1933年9月11日出生，润城镇润城村人。15岁跟随栗天成学徒，20岁出师，为坩埚炼铁炉前工（大师傅），从业41年，1962年回家，在本村从事翻砂行业。

孔朝底，男，又名孔曰义，1941年出生，横河镇横河村人，12岁即在犁镜厂当学徒工，打杂，20岁起拉风箱，曾随河南姓杨的师傅学徒，后随张锁明的第二代传人王辛酉学徒，本人各项技术精通，专长为修炉。

吉抓住，男，1946年生，蟒河镇桑林村范上沟庄人。18岁到犁炉社打杂、看机、上料，后随其舅父张锁明学徒，主要任务为看火，处理故障，由于聪明好学，不到一年就学到全部技能。1977年其舅父病故，就由其任炉头之职，曾在红炉、马甲等地任炉头（图3-33）。

图3-33　阳城生铁冶铸技艺国家级传承人吉抓住师傅

张宽镜，男，蟒河镇下桑林熊柏庄人，1949年3月出生，为张锁明之子。14岁高小毕业后，随父学徒，出师后担负着附近几座炉的技术指导。从事犁镜行业15年，后调到县玛钢厂工作。

翟李宽，男，1951年7月出生，横河镇横河村人。1984年至1986年任横河镇经济联合社主任，管理横河犁镜社。1994年兼任横河犁镜厂厂长。

以上12位艺人，有3位已去世，其他9位都仍健在。其中现年62岁的吉抓住师傅，18岁从艺，31岁任炉头，技艺全面，工作认真，深孚众望，2007年6月被评为国家级非物质文化遗产传承人。

技艺的更替是历史的必然。在生产领域中，旧的技术总将被新的技术所取代。而蕴含于技艺之中的科技基因、人文内涵，代复一代的艺人们的灵气、悟性、敬业精神和道德操守，以及他们为民族、国家所作的巨大贡献，则是不可磨灭、历久弥新、永远为公众所铭记的。

第四章

铁工具和刃具的锻造

古代东西方具有不同的金属工艺传统。西方的英雄是铁匠，其形象屡见于荷马史诗和但丁《神曲》，希腊神话中的火神维威斯托斯就是打铁的。东方的英雄是铸师，诸子书以铸为"大冶"，锻为"小冶"。《庄子·大宗师》说："以天地为大炉，以造化为大冶。"以铸为主的工艺传统使人们把宇宙看成是一座大熔炉，世间万物都由熔铸而成。

这一格局之变化始自汉代和魏晋南北朝。制钢术的大发展使铁器替代了铜器，锻铁件日益增多，竹林七贤之一阮籍亦以锻铁自娱。唐宋时期铁农具由铸制改为锻制，改变了冶铁业的整个格局。自此，铁匠铺和流动的铁匠担子遍布城乡，除锻制各类农具、手工工具外，还制作菜刀、剪刀、剃刀等日用器具及刀剑，对国计民生起了极为重要的作用，故宋应星《天工开物》引民谚称："'万器以钳为祖'，非无稽之说也。"这种情况一直延续到20世纪中叶并无根本性的改变。"文革"之后，随着工业化的加速和农业机械化的推进，农机具、手工工具、建筑和家用铁器多由手工锻制改为机器生产，锻铁行业遂呈萎缩之势。但由于我国幅员辽阔和经济发展及民众生活水平的不平衡性，尤其在乡村市镇及边远地区与山区，铁匠铺和流动的锻铁匠人仍有其生存空间，有些且是和民生民俗紧相结合，不易遽而消亡的。即便是沿海地区和大城市郊区，手工锻铁仍不少见，以下试举两例：

图4-1 拉风箱

图4-2　铁工马氏兄弟

图4-3　锻铁所用工具

图4-4　粉笔记录各家订货

　　据郑涛在北京市昌平区的调查，山东济南农村的马城军、马祥正兄弟10多岁即以打铁为生。40多年来，他们离乡背井，在昌平一带走村串巷为农民打制和修理农具及其他铁活，如今仍在继续自己的叮当人生（图4-1）。他们没有自己的店铺，几十斤的打铁家当都得背在身上。他们长时间一直在这里干活谋生，和村民们非常熟悉，自己也已没了乡音。他们会在途经的村庄里住上一阵，为提供食宿的村民打制一件铁器作为回报，同时按周围村民的要求，现场制作和修缮铁件，每隔半年才回原籍待上一段时间，捎回劳动所得以养家糊口。如今由工厂成批制作的标准农具，已深入平原地区的每个角落。干了大半辈子铁活的哥儿俩的地盘正日益萎缩。马氏兄弟不得不委曲求全，背着沉重的行头向交通不便因而现代化程度较低、对流动铁匠仍有需求的高海拔地区进发。

图4-5 老乡们爱用马氏兄弟锻打的农具

图4-6 在打铁现场小憩

　　无可计数的铁料在近半个世纪中从马氏兄弟的锤下经过（图4-2、图4-3）。他们的铁活打得真好，除菜刀、镰刀、斧子、鱼叉等常见铁器外，还为村民做铁夹子、炉条（图4-4）。有些先前的伙伴，长大后在城里谋得了好差使，会从海淀、延庆等地回来和哥俩见个面，照顾一下他们的生意。"手工打制的农具比厂里生产的要好，大小随意，使着顺手"，这是村民们对马氏兄弟产品的评价（图4-5）。他们早就把这哥俩看作是村里的人，打制的铁器是蕴含有情意的。

　　生活是艰难的（图4-6）。从废品回收站买来的铁料，每千克要4.8元，每千克煤要0.45元，回一次济南要200多元路费，而一把镰刀打上半天只能赚到2元钱。日子没以前好过了，儿辈们不愿继承父业甚至有不屑之意。但这老哥俩说："只要打得动还会打下去；不打，怕可惜了这门手艺。"①

高星于2002年3月9日在浙江永康市象珠镇清渭街，采访了时年70岁的老铁匠何洪湘和他的妻子。那是一条略带坡度的小街，一排低矮的平房并列着三家铁匠铺，其中一家便是何铁匠的铺面。何洪湘12岁随叔叔学打铁，又挑上担子随叔叔去了上海，在一家铁匠铺当小伙计。那家铁匠铺的门牌号是虹镇老街42号。15岁时他回到家乡，在兰溪重拜了一位师傅，开始全面掌握各种铁活。

何家铁铺尽是传统的打铁家伙，除鼓风机和电动砂轮外没有现代工具装备。一个老式木风箱已用了40多年，偶尔仍拉几下。虽然使着砂轮机，但打菜刀时仍得在紧要处使用锉刀和铲刀。

老人说他带出来的徒弟，如今都不干这行当了，师兄弟中干得最久的也只干到60多岁，就他70岁还在打铁。老伴是他的徒弟，一直是他的下手。打铁时，他拿小锤。他指到哪儿，老伴的大锤就打到哪儿。老伴也是打铁高手，有自己的徒弟。年届七旬的老铁匠仍每天干活，一天打两把刀，每把价18元。机器锤打的刀每把7元，但还是有人喜欢手打的刀。何铁匠说，手工的刀打得精细，钢要包得准，淬火时要沾点黄泥，使刀面发青，退火时往刀上吐口唾沫，看刀面的情况来决定怎么退火，每把刀都有不同的性格。老人说，省力的钱，我没有挣过。他用多年积攒的钱在街对面盖了一栋红砖小楼。高星说："可想而知，二位老人生活的艰辛与石打石一样的内心充实。"②

浙江的、安徽的、河北的、山东的、山西的、广西的、贵州的、云南的、西藏的、新疆的汉族、壮族、苗族、纳西族、藏族、维吾尔族的铁匠

---

① 郑涛《铁匠的"初冬"》，北京晚报，2005年11月4日，第14版。
② 参见高星《中国乡土手工艺》，陕西师范大学出版社，2003年版。

们使的是大体同样的家伙，打的是大体同样的铁活，过的是大体同样的日子。这样的日子，他们还会过多久呢？会有人接他们的班吗？

下文介绍四川北川县打铁技艺和几种已列入国家级非物质文化遗产名录及尚未列入名录的传统锻铁技艺。

一、北川铁匠及其打铁技艺

北川县位于四川盆地西北边缘，属绵阳市管辖。擂鼓镇在县城西南5公里处，紧挨省际公路，近年成为北川县新兴的经济开发区，镇内多茶叶厂和水泥厂。该镇以一条不到1公里长的街道为中心，人口密度很小。可就是这样一个山区小镇却有15家铁匠作坊，所产铁制农具和生活用具热销北川及邻近几个县城，几乎包揽了这些地区的大部分农业生产和生活用具。铁匠作坊主要分布在狭长的擂鼓镇街道两端，在擂鼓下街有4家铁匠铺彼此相邻，沿街角拐弯前行20米又有两家铁匠铺专门打制菜刀；在擂鼓镇上街麻柳沟段，沿公路两边分布着5家铁匠铺，其余的作坊则相对分散一些。

魏元国的铁匠作坊位于擂鼓下街59号，是正对大街的门脸房。作坊呈方形，靠墙一面砌有带烟囱的红砖锻炉，斜后方摆放着两台空气锤（图4-7），锻炉前面是水泥抹的方形水槽，水槽旁边的木桩上放着羊角铁砧。每天清晨六点，魏元国就在这间黑黝黝的作坊里开始一天的作业，干到下午六点收工。活多的时候，妻子也要来帮忙。魏元国，汉族，今年42岁，家里两代铁匠。父亲魏本安跟随北川通口地区的铁匠师傅学习手艺，干到62岁才退休。通口的师傅从事打铁行业更久，干到70多岁，90余岁去世。魏本安育有5子1女，大儿子和魏元国都学了打铁手艺。他还陆续带有五六个徒弟，有本地的也有外地的。魏元国18岁学艺，学徒期间父亲对他要求

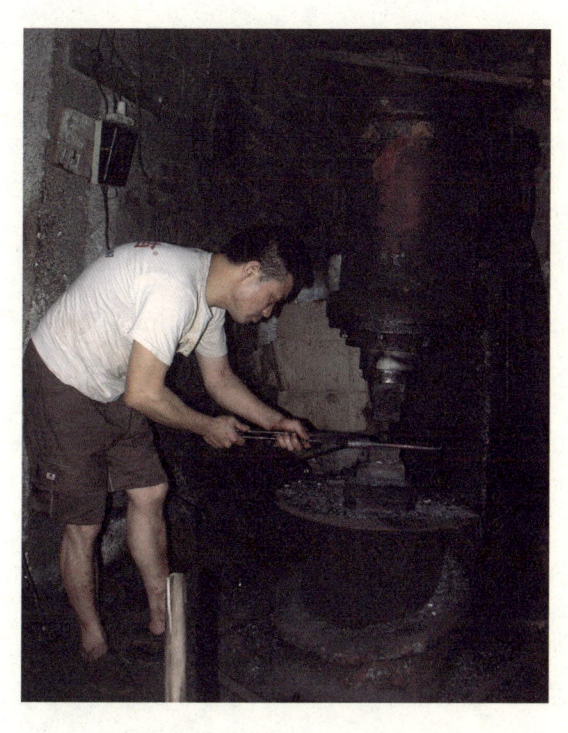

图 4-7　魏元国的铁匠作坊

很严,学艺很苦,中间有几年他出外打工没有干铁匠,直到回来娶妻生子才又重操旧业。因为年纪较轻,技术过关,体力又好,他在擂鼓镇铁匠中收入算是较高的,月平均可达 3000 多元。为改善工艺,从 1995 年起他开始使用空气锤,在此之前则与父亲、大哥一块靠人工锻打。人工打铁耗时耗力,需要 2～3 人组合才能达到工艺要求。使用空气锤出活效率高,尤其在销售旺季更是发挥着极其重要的作用。魏元国年轻时在生产队的铁器厂就学习并使用过空气锤,后来个体经营时就添置了两台。

擂鼓镇铁匠大都只锻打铁制农具(犁铧除外),如砍柴弯刀,割草割麦用的弯刀、镰刀,整地用的锄头、叉、耙,砍柴劈柴用的斧头等。每种农具一般可分为大中小三个型号,各自适用于不同的土地,有不同的用途。很多农具只存在细微的差别,外人不仔细就很难观察到,但铁匠们却能一眼辨别它们属于哪个地区的农具,适用于哪种土地,这正是擂鼓镇铁匠远近闻名的原因之一。由于北川及周边县地貌复杂,民族众多,乡镇、村寨、不同山地的居民各有不同的使用习惯，这就使得铁制农具和日常用具的形制要有变化才能适应不同的需要。铁匠们必须非常熟悉地域差异，才能打制出适合当地需求的工具。

魏元国的生产原料一般就近从擂鼓镇的废铁收购站购买，这是该镇所有铁匠基本的原料购进方式。铁匠的众多导致了小镇的另一奇观——废钢铁收购站异常之多。这些收购站除了中小批量地收买售卖之外，还进行车床、模具、磨具等修理改造工作。收购站与铁匠作坊在市场运营中互惠互利、相得益彰，这也体现出擂鼓镇铁器生产的规模性与长期性。以前北川县各地和邻近城乡都有铁匠，因为擂鼓镇铁匠历史悠久而且相对集中特别是产品质量经得起考验，随着时间的演进，周边区域的铁匠大都被淘汰，擂鼓镇也就成为远近地区铁工具制造的大本营。虽然如此，社会的发展却将这种需求与供给的平衡逐渐打破，尽管山区农业生产仍在继续，但擂鼓镇铁匠行业却在萎缩，将面临后继无人的尴尬局面。魏元国有1儿1女，儿子今年19岁，女儿6岁。魏元国希望儿子能像自己那样子承父业，可儿子并不愿意学习这门打铁技艺，魏元国只得接受儿子在北川县城打工的现实。就他本人而言，当年随父学艺固然是有生存压力，但他却发自内心地热爱着这门手艺，因为技艺日渐臻熟，也就不再考虑更换其他职业。可是年轻一代却不作此想，作为中年铁匠的魏元国也无可奈何。

刘谋华，男，汉族，1952年出生，已有37年打铁经历，祖籍湖北，清朝时迁入北川县擂鼓镇。俗话说："一敲（锣）二补（补锅补鞋）三打铁"，这在旧时是三件赚钱的行业。鉴于这个原因，1970年18岁的刘谋华就跟随师傅魏本安习艺。学艺期间师傅怎么说徒弟就怎么做，师傅会在制作过程中随时传授知识，包括各种不同形制的农具式样，材料的选择，钢料的配比，怎样看火候、加钢、淬火、开刃等，还有各种各样的工艺口诀。每打制一种农具就有一套口诀。这些口诀都是对各道工序的高度概括，是历代师傅们的经验积累。例如打制砍柴弯刀有12道工序：加钢——待发火——

开孔——整孔——打弯弯——开薄成型——退火——头道砂——淬火——调锻——二道砂——刷漆。需要在实践中用心体会,才能做好每一工序,打出好的产品。

刘谋华的打铁手艺很出名,订单整年不断,多为中小批量的农具。有的老客户通过电话订购,然后很放心地过来拿走成品,也有的上门订购,每天都有散客到作坊来购买。批发商从铁匠处购买成品,再贩卖到周边县市及乡镇。经过这样的销售渠道,刘师傅的铁器制品分散到了四川阿坝州的很多地方。以打制100把弯刀为例,这次是一个茂县农民特意上门求货,等待制作完成旋即拿走。秋季就要来临,山区农户都开始储备柴火以备过冬,因此需要大量砍柴弯刀。这位客人并不是生意人,他只是把弯刀带回村里去分给乡亲们使用。刘谋华打制100把弯刀大约需要6天时间,以空气锤为主,手工锻打为辅。制作过程如下:

1．准备原料。

(1) 一把中号弯刀需铁6两。原料一般使用直径30毫米的螺纹钢,从收购站买进,根据经验打出截切点记号,两把弯刀的用铁量为一段。

(2) 将螺纹钢入炉退火。锻炉为红砖所砌,带烟囱,炉口较小,燃料从炉口加入。使用有烟煤为燃料,现价480元一吨,用电力风机鼓风,约4~5分钟即可将铁料烧红。炉膛内一般放置六七件铁料。

(3) 将加热的铁料取出,置于65千克的空气锤上锻打。一手拿火钳夹铁块,一手拿火钳夹钢錾,用脚控制空气锤,沿标记将坯料一段段切开。火钳形制极多,大致可以分为三种:尖嘴钳、抱耳钳和合和钳,每种又分出钳头长短大小不一的品类。干不同的活选用不同类型的火钳。

2．夹钢。

(1) 弯刀的刀刃要夹钢,目的是使刀刃锋利,经久耐用。钢料也是从收购站买进的,长条小方棍需裁切成小段。裁切步骤与裁切铁块相同。

(2) 裁好的钢块需要淬火使之变硬。与此同时,将铁料加热。

图 4-8　夹钢

　　(3) 将加热的坯料在空气锤上锻打成基本规整的长方体，用钢錾沿长方体中央凿开一条纵向切口，用尖嘴火钳夹着长方钢条置入切口，在空气锤上边捶打边移位，直至钢条完全嵌入刀刃处，再把镶有钢条的刀坯的几个立面锻打齐整。这样钢与铁就结合在一起了（图 4-8）。

　　3. 热锻。

　　将加钢的刀坯加热。然后用空气锤、钢錾将之截为均等的两段，每段可制作一把弯刀（图 4-9）。每段需要再加热和锻打，如此反复锻打 2 至 3 火，才能将刀身打长打薄。

图 4-9　锤锻

图 4-10　整形

4. 开孔、整孔。

（1）将锻打成刀坯初型的一头加热，用空气锤锻打成三角薄片状，使刀身整体呈"Y"形（图 4-9）。这其实是将刀把部分进行延展，以便弯曲合拢制作刀柄的圆孔。这个过程只需 1 火。

（2）加热。

（3）手工锻打整形（图 4-10）。将与刀身相对的三角形外边用大铁锤在羊角铁砧上打出约 5 毫米的立边，然后将之向内侧锤打，直至立边下弯与底面重合。这样做的目的是保证刀把圆孔的边缘线整齐美观，而且稍稍厚于其他部位，使套孔易磨损处结实耐用。再把与刀身相连的两条三角边放在羊角形铁砧上用铁锤打出上弯的弧形立面，并且逐渐接拢围合，这样就形成了刀柄的圆孔。

（4）加热。

（5）用圆钢置入弯刀圆孔，手工锻打调整，使每把弯刀的圆孔保持一致，使孔形规范化，易于安装木柄。

图 4-11 锻打刀身　　　　　　　　　　　　图 4-12 冷锻调型

5. 锻打刀身。将加热后的弯刀初型用手工打出刀身的大致弯度，还须加热一次，然后在空气锤上边旋转角度边锻打，要特别注意气锤力度的控制，逐渐修整刀身厚度和刀尖的弯形。这时刀把和刀身、刀尖的初型就已完成（图 4-11）。

6. 磨刀刃。使用砂轮机磨掉刀刃刀身厚薄不一之处。

7. 淬火。把烧红的弯刀整体浸入凉水当中，约 20 秒后取出。

8. 冷锻调型。淬火后的弯刀需要手工捶打整形，调整刀身线条和各个立面，使之不偏不拧（图 4-12）。然后用砂轮机磨光刀刃，当地俗称"清口"。最后在刀身上打上"刘"字钢印，既是对自己品牌的推广，也是产品售后服务的凭证。

9. 刷漆。使用清漆涂刷弯刀，防锈。

以上是打制弯刀的工艺流程。虽然农具彼此不一，但基本的锻造手法大致相似。铁匠们只需掌握几种常用工具的打制方法，熟记其他工具的口诀要领，在漫长的锻铁生涯中不断学习琢磨，就能制作出符合要求的农具和工具。北川县、平武县、安县、茂县等地山多林多，土豆是主要农作物之一，不仅供人食用，也用于饲养生猪。每家农户都会饲养几头生猪，所以在饲料桶内戳碎土豆的戳刀成为这一带的必备农具。制作一把中号戳刀的工艺流程如下：

1. 原料加钢。制作方法同上述弯刀。

2. 开孔眼，整孔形。同样采用空气锤和手工锻打相结合的方法。

3. 热锻刀身。刀身类似铲刀，呈弧度弯曲。用空气锤将加钢的坯料横向打薄打宽，把铲口边缘线用钢錾裁切整齐，加热后再手工锻打，在方形铁砧上将铲的两个侧边向内侧弯曲并保持左右对称。

4. 淬火，砂轮机打磨刀刃。

5. 冷锻初型，进一步调整刀身、刀刃。

6. 再次打磨刃口，打铁匠标记。

7. 刷清漆。

可见戳刀的打制与弯刀有很多相同之处，这是十分重要的。

铁制农具和工具的打造需要技术和耐心，耐心不好会直接影响技术发挥，技术不好，产品就卖不掉。刘谋华师傅说，现在的年轻人没有耐心所以打不好铁。旧时说"世上只有三样苦，撑船打铁磨豆腐"，打铁不仅是技术活，同时也是一项非常辛苦的工作。刘师傅有4兄弟，只有他和幺弟弟学习打铁。弟弟今年49岁，早就不打铁了，在外务工。刘师傅有两个儿子，大儿子37岁，小儿子29岁，都曾跟随父亲学过打铁，但现在都不打了。大儿子于1999年停止打铁，紧挨着父亲的铁匠铺开了一家建材商店还承接电焊，其电焊手艺是父亲传授的。儿子的三层瓷砖楼房与父亲的破旧作坊形成了鲜明对比，两个人的生活状态也完全不同。儿子有时外地进货，店面由妻子或者父母亲来照应，回家则经常打牌娱乐。父亲则每天起早贪黑，在高温的工作环境中整天从事强体力劳动。夏季酷热，早晨六点准时上班，中午会休息两三个小时，其余季节则是全天候工作，十分辛苦。这样，他的月平均收入可达到2000～3000元。以前好一些，现在年纪大，体力不如从前，手工也慢了，订单多时需要加班加点才能干完。他的大孙子今年10岁，从小就在爷爷的铁匠铺玩耍，但从来对此无兴趣。刘师傅的小儿子刘勇，1995年初中毕业后跟着父亲和哥哥打铁，那时还没有买空气锤，父子三人组合作业。不几年他就不愿意干了，现在给天津一家工厂当保安。尽管刘谋华和妻子都认为学手艺有出路，可以过上有保障的生活，希望小儿子继承父业，但刘勇却自有想法。他觉得打铁挣不到大钱，如果在大中城市则会寻找到更多机遇。他认为传统手工艺应该有人继承，一旦失传十分可惜，但同时又十分乐观，以为失传的时候肯定会出现另外一种更先进的工艺来替代，也许擂鼓镇打铁技艺失传是一种历史和社会发展的必然趋势。

传统手艺的传承以父子相传的方式为多，铁匠的儿子都不愿意继承技艺，其他年轻人愿意习艺的更是寥寥可数。传统的师徒相授方式在当下擂鼓镇铁匠行业中已不存在，铁匠师傅们在惋惜的同时亦无可奈何。

周从金，男，汉族，现年48岁。他的铁匠作坊距离镇上的街道稍远一些，是伴着自家楼房侧面另行修砌的一间小屋。周从金17岁跟随于姓师傅学习打铁，他的两个兄弟也相继在于师傅那里学艺。周从友，40岁，周从魁，39岁，现都在自家院落里打铁。周从金以前在镇上的农机厂打铁，1996年工厂倒闭后开始个体经营。儿子今年23岁，跟随父亲学艺5年，现在协助他共同经营，据说不久后就可自立门户了。

据周师傅介绍，擂鼓镇的铁匠都很繁忙，只有5月至7月是淡季。即便在淡季他们也照常生产，不过稍微轻松一些，可以根据情况自己安排休息时间，淡季打制的农具留到旺季再销售。因为长年打铁并经营，所以铁匠们知道何时需要何种工具，一般不会积压存货。而旺季则需经常加班才能满足各地需求。在同一时间段，几乎各家铁匠都在打造相同的工具。

蒋国旺，男，汉族，今年59岁，住在周从友家附近。蒋家四代人打铁，他的爷爷是50岁开始学艺的，父亲跟随爷爷学艺，他跟随父亲学艺，他的两个侄儿随他学艺。蒋国旺最近几年才歇工，在家里带孙子，享清福。他的侄儿们住在擂鼓镇上，在自家楼下开了相邻的两个铺面，主要销售菜刀和茶叶，打的招牌是"蒋氏菜刀"。楼房后院的两个铁匠作坊同一块天井，同时工作起来十分热闹。由于主要打制和经营菜刀，兄弟俩不像其他铁匠那样忙碌，他们经常歇工，夏季尤其如此，因为淡季可出售茶叶填补经济空缺。他们弟兄算得上是擂鼓镇铁匠中最悠闲的。

杜光荣，男，汉族，今年70岁。他是擂鼓镇唯一一位坚持全用手工打铁的匠人，祖籍四川三台县，1956年迁入北川，1961年跟随哥哥学艺。他的作坊是利用自家房屋开辟的对街门脸，比别人的小很多。据他介绍，尽管现在他的锻炉跟大家的一样，但是在80年代前却是"小炉"（现在的炉子应该叫"中炉"）。小炉只能够生产较小的物品，如门扣、小豆锄、钥匙圈、草鞋掌等，使用小炉的铁匠俗称为"小炉匠"。杜光荣打铁生涯长久，年轻时给生产队干，20世纪80年代土地下放到户就开始个体经营，一直打造小件生活用具。这些用具品种繁多，件小，不能用空气锤锻打，并且他也不喜欢空气锤，因此就小件小件地一直打到现在。往年还打制锅盖、锁铁锯等，但现在这些物件逐渐被淘汰，人工锻打的品种越来越少。杜师傅没有其他爱好，不打牌不玩耍，有时间就待在他的小店里打上一天半天，他是从心底里热爱打铁。打铁以前是养家的手段，现在则是自娱自乐的方式，因为子女可以供给他和妻子充足的生活费，不指望依靠卖铁器维持生活，杜师傅就成为了擂鼓镇最惬意的铁匠。

手工艺服务的对象决定着手工艺发展的历史轨迹。地处边陲、相对稳定封闭的区域里农具的变化速度十分缓慢。许多农具从形制到用途几乎就是古代农具的翻版，它们按照自身规律发展，长时间不因社会制度变更产生影响，不曾发生过大的改变，各地区各民族使用的农业生产和生活用具可以说是一部可视的活历史，正是由于这一点使得制作这些产品的金属加工工艺也近乎不变。铁匠要依据地方实情，承接并保持千百年来基本不变的工具的样式和性质。这就使得其劳动过程长期处于程式化和固定化，现代机械的应用只是在速度和效率上起作用，但是不会从根本上改变铁制农具的制作方式。铁匠们在打铁过程中传承着一种自古已然的实用文化，并且将这种文化用物质载体的形式传递给了使用者，再由使用者把对于这种文化的认同反馈给铁匠,从而不自觉地将使用、生产、产品的循环模式化、程序化,造就了农业与手工业两者默契并存的关系。如果社会生产方式不改变,这种关系将一直存在。

生产对象的特殊性,使得擂鼓镇铁匠们与其他手工艺人有所不同。他们出身于农业社会,脱离农业生产但却不能远离农业生产生活,反而需要有更为全面的农业知识和敏锐的观察力,需要与农业生产生活更紧密地结合,从而成为农业社会当中的一个特殊手工群体。从经济形态上,它是农业自然经济于长时间派生出来的手工业半自然经济,是农业经济发展到一定阶段的产物。农村造就打铁技艺,打铁技艺巩固和维持着稳定的农业生产。如果农业经济有大的转变,则依赖着它的传统打铁技艺会随之改变。所以打铁技艺的产生、发展和变化是历史的必然,我们力所能及的工作就是在它们还存在的情况下,尊重并珍惜它们,从工艺角度仔细观察它们,从文化角度翔实考察它们,以达到对民间传统文化的进一步认识。

二、擦　生

宋应星《天工开物·锤锻第十》称:"凡治地生物用锄镈之属,熟铁锻成,熔化生铁淋口,入水淬健,即成刚劲。每锹锄重一斤者,淋生铁三钱为率,少则不坚,多则过刚而折。"稍早时,嘉靖年间唐顺之所著《武编》也说:"或以生铁与熟铁并铸。待其极熟,生铁欲流,则以生铁于熟铁上,擦而入之。"说的是同一种工艺。

凌业勤在华北、华东农村作调查,亲耳听到众多老农对锄、镢、镐等擦生农具的高度评价。[1]他们宁可多花钱买擦了生的名牌货,而不愿买钢

---

[1] 本节引自凌业勤《生铁淋口技术的起源、流传和作用》,《科学史集刊》第9辑,科学出版社,1966年,第71~76页。

的。有些老农所使的擦生农具已用了二三十年，倍加珍惜。原因是这类农具锋刃锐利，使用轻快，旱地不粘土，水田不粘泥，经久耐磨，可自磨锐，耕作效率较高。

擦生属于锻铁坯件的表面处理。这一技艺几乎传遍全国，方式也是多种多样的。如山西雁北、沂县地区，北京和山东，用犁镜铁、锅铁等高碳白口铸铁片、块"铺生"；山西阳泉、平定，河北获鹿、易县、交河等地用高碳灰口铸铁擦生；浙江温州、海宁所产锄锹也用生铁淋口；东北地区的情况与华北略同；山西阳泉以产铁著称，设有专厂年产擦生锹锄30余万件，销往河南、河北、山东、内蒙古等地。这一技艺也传播到日本等邻国，经比较，认为较夹钢、贴钢、冲压、渗碳等工艺为优。

擦生材料除上述犁镜铁和锅铁外，还广泛使用古钟、古铁柱、铁瓦、铁秤砣（均为白口铁材质）。山西阳泉地区则用坩埚炉炼得的含碳较高的灰口铁板条。各地名称多有不同，如"渗"、"广铁"、"糁"、"冰铁"等，这是旧时代技艺不出家门、传媳不传女所形成的带有神秘感的现象。取样分析表明，所有这些擦生料的碳含量都很高，硅、硫等成分很低，是一种高碳低硅的二元铁合金。它的特点是：熔点低（约1130℃），流动性好，渗碳作用强，不易石墨化，从而使擦生工艺易于成就，产品质量有所保证。

擦生农具的制作工序以铁锄为例，分为开坯、上鼻（安装銎口）、擦生、平生、冷锤和淬火等项。擦生层的厚薄是关键。过厚因渗碳作用过强，使本体金属由熟铁或低碳钢变为高碳钢，过硬发脆，锻打和使用时会折裂。过薄则因渗碳作用弱，表层未变性或变性不足，锄板强度差，易卷曲变折，亦即宋氏所谓"少则不坚，多则过刚而折"。据凌业勤在北京小关铁业社调查，得知锄板擦生料用量较《天工开物》所载为多，原因可能是旧时农具只擦刃部而现时的锄板擦生遍及板面，用料自然增多。

擦生的淬火火候与所用时间，对产品质量有重大影响。现场实测，低碳钢板以加热到1200℃为较合适。擦生操作的周期为4～5分钟，其中擦生时间仅20~30秒，动作须敏捷准确，擦不匀或表面凹凸不平都会影响锄板质量。淬火前，工件须降温到750℃~800℃，呈樱红色，入水淬火的时间约5秒，再经修边开刃即得到成品。

从金相组织来看，经擦生的双枣花名牌锄板其最外层为白口生铁的熔

图4-13 擦生材质的金相组织

覆层，基体组织为渗碳体和珠光体，其内为过共析层，属高碳钢材质；再内为共析层，向本体金属过渡的为亚共析层（图4-13）。由此可见，高碳的擦生材料在高温下作用于碳浓度很低的熟铁本体使碳分迅速扩散，形成渗碳层和最表层的生铁熔覆层，它与柔韧的本体组成刚柔相济的钢铁复合材料，既利耕作又不易折断且能自行磨锐，成为农家的称手器具。随着批量生产的农机具之推广，擦生技艺现已罕见，据称山东、陕西农村仍有艺人从事此业。作为《天工开物》所载且仍存世的珍贵手艺，是应当列入传统手工艺名录予以保护的。

三、王麻子和张小泉剪刀

在中国，"北有王麻子，南有张小泉"的民谚可谓家喻户晓，妇孺皆知。这两家老字号所产名牌刀剪之所以质量优良、为国人所喜见乐用，绝非偶然。

早在清乾隆二十三年（1758），潘荣陛《帝京岁时纪胜》一书就以"王麻子"为帝京之名产，与西铁锉三代钢针并列。

关于王麻子剪刀的来历，一说来自山西，因店主姓王、脸有麻子而得名。1952年，北京市工商管理部门曾要求设在宣武门外大街135号的王麻子剪刀店改名为万顺号。店主王青山答称，本店自顺治八年（1651）开设以来，一直称为"王麻子"，为广大顾客所认可，改名实有难处。

从顺治、乾隆以至嘉庆年间，王麻子剪刀的声誉蒸蒸日上。嘉庆二十四年（1819）刊行的《续都门竹枝词》称："汪王万石皆麻子"，表明其时经营刀剪的铺号竞以王麻子为号招徕顾客。

据中国人民大学于1963年调查，王麻子剪刀的销售范围主要是北京、河北、山西、内蒙古、新疆等北方地区。由于王麻子剪刀把宽头长，剪切有力，不崩不卷，易磨耐用，手感轻快，尤其适合于剪布料、皮草、羊毛、绸鞋，号称"黑老虎"。早在清嘉庆二十一年（1816），太原王、姬两位商人在宣武门外大街开设居太剪刀铺，挂出"三代王麻子"、"货真价实、言无二价"的招幌。他们坚持品牌标准，向各作坊收购成品时坚持三看、两试，即看外观、刃口、剪轴、试刃口和手感；所有产品都刻有"王麻子"印记；不合格的不收；售后终生保修且可以旧换新。这些做法使王麻子剪刀质量长期稳定，成为本行业的佼佼者。到同治年间，以麻子为号的剪刀铺更多，如"汪麻子"、"吾麻子"、"真王麻子"、"真正王麻子"等。同治十一年（1872）出版的《增补都百杂咏》录李静诗云："刀店传名本姓王，两边更有万同汪，诸君拭目分明认，三横一竖看莫慌。"民国初，按王麻子品牌标准制作的黑老虎剪刀在北京的经销商有打磨场的隆兴云、恒泰、永泰，东四猪市大街的杨大个，花市大街的天祥和等，为他们供货的作坊有40多家；到20世纪30年代中期发展到70家，从业人员300余人；1950年为60多家，从业人员近400人。1956年公私合营期间，由68家手工作坊联合成立北京剪刀生产合作社，1959年改名北京王麻子剪刀厂；改革开放后，于1999年改制成立北京栎昌王麻子工贸有限公司。

在此期间，由于社会转型和企业改制，工艺传承出现家族相承、师徒相承和社会相承等多种形式。以天兴号作坊为例，自清同治十年（1871）至1955年以河北冀县人为主体，在亲属和同乡之间传授技艺。其传承谱系为：

郭恒瑶，字怀龙，冀县人氏，同治十年在北京粉浆胡同设天和兴作坊，收内弟段春生为徒。

段春生于1916年接手天和兴掌柜，收滕振基（1908~1974）、杨福庆（1910~1975）、张福田（1900~1971）为徒。

1933年，滕振基在哈德门大街开炉立业，次年迁至金鱼池大街，起号天立，收河北南宫县张更勤（1925~）、新河县张振强（1923~）为徒。

1936年，天立与天和兴合并，起号天兴；以杨福庆、张福田为炉头，张更勤为冷作师傅，培育了邢计山（1923~）、王子明、苟占魁、梁文斗等一批徒弟。

1959年成立北京王麻子剪刀厂后，出现一师多徒、一人多师的传承格局，新招收的学徒有朱生庆（1935~）、吴王章（1931~）、李长春（1937~）等。目前北京栎昌王麻子工贸有限公司的技术骨干有张更勤之徒史徐平（1961~）、杨海滨（1961~）等。

历代王麻子传人执事有恪，授业严谨。在手工作坊时期，徒弟出师立业，首次开炉要请师傅主持，否则得不到同行认可，所制剪刀也无人收购。这是本行业万家一概的做法，是尊师重道的优良传统。

王麻子传统锻制技艺的重要工具装备有锻炉、风箱、铁砧、手锤、铁钳、钳子、钢锉、粗细磨石等。工艺流程分作炉上和炉下两大序列。炉上工序有选料、扁铁、裁钢、初锻、贴钢、开坯、熟火、锻打

图4-14 锻打

图4-15 盘活

复合、成型、砍槽、捻股、切边整形和平活。炉下工序有开刃、粗细锉、戗槽、铆眼、粗磨刃口、打眼、抹药、淬火、细磨刃口、圈股、打印记和盘活。通常一座锻炉配两名工匠，分别负责炉上活和炉下活（图4-14、图4-15）。

黑老虎剪手感明快、剪切有力已如上述。为减少剪口阻力，剪头咬合处设槽。剪轴的一端固定在剪股上，另一端为活轴，支点牢固，轴粗有力，剪切便捷。剪轴垫圈为拱形，有弹性，使剪刃咬合灵活，也便于调整咬合的松紧。又，裁衣剪用铜为轴，不长锈。这些都是王麻子剪刀在形制结构上的特点。

王麻子剪刀在熟铁本体上贴钢，把好钢用在刀刃上，钢的厚度为剪厚的五分之一，这样使钢和铁的配置最佳，成本压至最低。钢贴着铁，铁护着钢，外柔内刚，易戗易磨，加以锻令致密、淬令刚劲，使剪刀锋利，不卷不崩，是一般剪刀所无可比拟的。

传统锻技贯穿于炉上活之全过程，其目的一是使之成形，更重要的是使工件牢固，均匀平整，无夹灰和裂纹。加热锻打均须掌握火候分寸，"钢铁一冒汗，锻打正合适"，成形和挤渣都凭锤底功夫。淬火时在剪头涂抹牲口蹄粉和盐，行内称作抹药，是为增碳和调质，淬后剪刀硬度高，发亮。所有这些绝活都是历代工匠智慧的结晶、长期劳作的经验积累，须依靠口传

图4-16 王麻子剪刀锻制技艺传人：史徐平、朱生庆、杨海滨

心授和身体力行方能掌握，属于典型的非物质文化遗产（图4-16）。

在历史上，王麻子剪刀以用户和市场需要为指归，视质量为生命，在竞争中求得生存，所谓"人叫人千声不语，货叫人点头就来"，"门市要紧"。炉上有五不行，即：阴钢（刀刃缺钢）不行，有裂伤不行，重皮（黏合不良）不行，断刃（崩口）不行，散裹（不齐不匀）不行。炉下活有五要，即：刃要宽，底口要宽平，火要匀，剪刀要直，轴要粗而帽要大。售后服务到位，包换包修，代客磨剪，免费修理。所有这些保证了王麻子剪刀的高质量和良好口碑，是符合现代企业经营管理的理念和做法的。

和王麻子齐名的杭州张小泉剪刀始创于1663年。早在明万历年间，皖南黟县铁匠张思家（字大隆）手艺高超，为避兵祸，其后人张小泉举家迁至杭州于吴山之麓搭棚设社，选用龙泉、云和的优质钢材，精工细作，生意甚为兴隆（图4-17）。之后，有人冒用张大隆字号取利，张小泉即在康熙

图 4-17 张小泉像

图 4-18 钱塘县"永禁冒用"石碑

图 4-19 张小泉近记获银奖

二年（1663）改以己名为号。但同行冒牌仍几遍市，据记载仅杭州城内即有"老张小泉"，"真张小泉"，张小泉"琴记"、"井记"、"谨记"等（图4-18、图4-19），有诗云："青山映碧湖，小泉满街巷。"

三百余年间，历代张小泉传人恪守"良钢精作"祖训，制品质地出众，享誉神州。日伪时期百业凋敝，刀剪业自未能幸免。新中国成立后，自1953年起，在政府倡导下先后成立了五家制剪合作社。1955年，成立杭州张小泉制剪合作社，职工有527名。1956年毛泽东在《加快手工业的社会主义改造》一文中提出："手工业中许多好东西，不要搞掉了。王麻子、张小泉的刀剪一万年也不要搞掉。"同年，为筹建张小泉剪刀厂由国家拨款40万元，加上自筹的20万元，新的厂址得以破土动工。1958年建厂以来，经半个世纪的努力该厂共生产剪刀近8亿把，行销国内外，使张小泉这一传统名牌得到发扬光大，1997年被评为中国驰名商标，2000年改制成立杭州张小泉集团有限公司，2002年获原产地保护。2006年由商务部认定为"中华老字号"。

张小泉剪刀有民用剪、服装用剪、工农业园林用剪等系列，五百余个规格。民用剪以信花、山郎、王虎、圆头、长头为最著称。传统的张小泉剪刀须经72道工序，主要为落坯、开槽、镶钢、淬火和拷油（图4-20、图4-21、图4-22）。其中刻花一项为张祖盈于20世纪初自创，为剪刀平添姿色，备受好评。多年来，张小泉剪刀在国内外屡得大奖，如1910年在南洋

图4-20　热锻

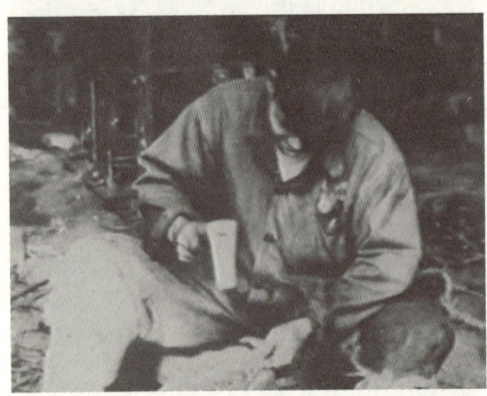

图4-21　镶钢

图4-22　磨砺

图 4-23 张小泉剪刀

劝业会上获银奖，1915 年获巴拿马万国博览会银奖，1926 年获费城博览会银奖，1929 年获西湖博览会特等奖，1965 年至 1969 年在全国剪刀质量评比中连续五年获第一名，1979 年获国家优质产品银奖，等等（图 4-23）。

张小泉剪刀自创始之日起，传承有绪，高手辈出，有史可考者为：

张思家（1580 年生），为张小泉剪刀的先行者，曾在安徽芜湖学艺，后在黟县设铺。

张小泉（1628 年生），1663 年在杭州以己名立号。

张近高（1663 年生），张小泉谨记掌柜。

张树庭（1736 年生），铺内雇有徒工，以下为张载勋（1789 年生），张利川（1824 年生）。

张永年（1876 年生），改自设炉灶为收购销售，1911 年，"海云浴日"商标交农商部注册。

张祖盈（1890～1979），1917 年试制镀镍剪成功，由农商部颁给第 68 号褒奖令。

新中国成立后历届传承人和代表性人物有徐维益、廖千尊、王长卿、傅于明、解如善、陈刚林、杨景川、郭红棠、戚永兴、丁成红等。其中，戚为大专文化程度，丁为研究生学历，自 1999 年任职至今。这标志着传统技艺在现代企业中新的传承格局，是在新的历史条件下出现的可喜现象。

在"文革"十年浩劫中，王麻子、张小泉剪刀锻制技艺及传统工具装备都曾遭到严重破坏，现虽经多方收集，仍难齐全。由于现代冲压设备的

图4-24 "张小泉"代表性传承人

引入，原有技艺渐被淘汰以至遗忘，老艺人年事已高而年轻人又不愿学艺，这一珍贵手艺正濒临失传，亟待抢救。在2006年6月列入国家级非物质文化遗产名录后（编号：388），张小泉集团公司已采取措施，拟设立传统制剪工艺基地，重建一条完整采用传统技艺的生产线并对外开放，使其成为杭州的一个工业旅游景点。北京栎昌王麻子工贸有限公司也有类似计划。毛泽东曾提出："我们民族好的东西，搞掉了的，一定都要来一个恢复，而且要搞得更好一些。"王麻子、张小泉剪刀锻制技艺几乎是被搞掉了，是否能够恢复而且搞得更好一些，有待政府、社区、企业、艺人和专家的共同努力。

四、龙泉剑锻制技艺

剑乃众兵之首。中国自西周起即用剑，至春秋战国时期吴越由车战改为步战，剑作为常规武器进入兵器系列，用量大增，青铜剑的铸作技术得到极大的提高。吴越之剑以越王勾践剑、吴王夫差剑为翘楚驰名天下，官史、士人竞以佩剑为时尚。稍后，欧冶子、干将、莫邪成为锻制铁剑（实为钢剑）的一代宗师。相传春秋之末，欧冶子在今龙泉秦溪山制作龙渊、泰阿、工布三具名剑，至唐代因避高祖李渊名讳，改称龙泉。如此说来，龙泉宝剑的源头可上溯到春秋时期。有关的记述及古迹甚众，如南宋《龙泉县志》称："剑池湖，世传欧冶子于此铸剑，其一号龙渊，以此乡名。"历代文人对龙泉剑多有咏哦，如曹植诗云："美玉生磐石，宝剑出龙渊。"李白诗云："万里横戈探虎穴，三杯拔剑舞龙泉。"现存的古迹有秦溪山麓的古剑池亭、亭北的欧冶子庙、山下的剑池古井等（图4-25）。

图4-25 剑池

《考工记》称："吴粤（越）之剑，迁乎其地而弗能为良，地气然也。"龙泉的山溪富蕴含铁量甚高的铁砂，亦即古籍所称"铁英"；茂密的森林提供了丰富的木炭资源；剑池一带溪水清洌，为良好的淬剑介质；当地又产名为"亮石"的磨石，用来砥砺刀剑，锋刃锐利，寒光逼人；山间所产花榈木则是制作剑鞘的良材。可见，龙泉剑源自龙泉且承传千年、绵延不绝，绝非偶然。

剑在国人心目中历来具有崇高的地位，它的锻制及功能也备受推崇并带有某种神秘色彩。唐代诗人郭震《古剑篇》称："君不见昆吾铁冶飞炎烟，红光紫气俱赫然。良工锻炼凡几年，铸得宝剑名龙泉。龙泉颜色如霜雪，良

图 4-26 热锻

工咨嗟叹奇绝。"汉代成书的《越绝书》盛赞龙渊剑的天然纹理:"观其状如登高山,临深渊。"《宝剑铭》则称:"龙渊耀奇,太阿飞名。陆断犀兜,水截鲸鲵。"极言其刚劲与锋利。

传承至今的龙泉剑锻制技艺用材考究,工艺高超,以其锋刃坚利、刚柔兼备、寒光照人、纹饰精致等固有特色而著称。

传统的龙泉剑是用本地山溪中的铁砂,由传统型式的竖炉炼成"生铁",用生铁炒炼成熟铁(即当地人所称的"毛铁"),再用"毛铁"锻炼成钢。因对钢的质地有很高的要求,须反复锻打和挤渣,损耗很大,故有"三斤毛铁半斤钢"之说。锻坊所用工具装备有锻炉、风箱、铁砧、各种铁锤和铁钳,如铁锤有大锤、工锤、小锤(手锤),按其用途分类,又有方锤、开锤、尖锤等,铁钳按大小和重量也有十几种之多。用于修整定型的工具有铲刀、削刀、锉刀。用于磨剑的磨石按粗细来分,有油石、白石、红石、亮石和养锋石。制作剑鞘须用锯、刨,装具须经剪、冲、刻、焊等操作。剑的锻制须经多道工序,习称72道。首先是热锻(图4-26),通过反复折叠和多次锻打使金属结构致密,成分均匀。继之以开槽夹钢,剑刃用灌钢术制备的中高碳钢,剑脊为低碳钢料,形成复合型材质,使剑身刚柔相济,既

图 4-27 淬火

图 4-29 磨剑

图 4-28 戗剑

坚硬锐利而又具韧性，不易折断。剑的成型须经冷锻、锉削和戗铲等操作，然后水淬和油淬以提高其硬度和调质（图 4-27、图 4-28）。这是一道关键性的工序，全凭艺人的多年经验来控制入淬温度和淬火时间。淬火之后须校准剑身，使其平直合度。之后的磨砺是又一道关键工序（图 4-29）。诗云"十年磨一剑"并非虚言，磨剑之功要超过锻打，操作者须掌握研磨诀窍并有超常的耐心，例如刃部磨痕须垂直于剑身，不但剑的各部须经磨砺光洁，而且须保持正确的剑形，锐利的剑刃，还要显现美丽的花纹。"宝剑锋从磨砺出"是从实践中得出的箴言。剑的装修是为佩带和使用，也是为审美的

图 4-30 弹性极好的钢剑　　　　图 4-31 龙泉宝剑

需要。剑鞘用当地所产花榈木、花梨木制作，不加髹饰，有古色古香之美。装具精致，如清龙泉剑的剑首、护手、鞘口、护环、剑镖均用铸铜件，护手饰以睚眦纹以示勇猛无敌。

传统的龙泉剑有清龙泉剑、花草百寿剑、七星剑、雌雄剑、手杖剑等类（图4-30、图4-31），当代又创制出百炼花纹剑、百寿百福剑、极品螳螂花纹剑、龙凤七星剑等新的品种。

作为世代相传的珍贵技艺，龙泉剑的锻制是当地的一大景观。据《龙泉县志》记载，清末民初时期，县城沿溪北从天妃宫至官仓巷，多家剑铺相挨，叮当之声昼夜不绝，有宝剑一条街之美称。抗日战争到新中国成立前夕，经济萧条，剑的销量大减，转行者甚多。20世纪50年代中叶由政府主导，先后建立了龙泉宝剑合作组、合作社和工厂，锻剑技艺及销售得以复苏，所制宝剑为众多名人珍藏并作为国礼赠给尼克松、普京等外国政要。改革开放以后，剑铺、剑厂纷纷开设，形成锻剑行业。1979年，龙泉宝剑厂注册了"龙泉宝剑"商标，2003年，获"中国龙泉宝剑之乡"称号。

龙泉剑锻制技艺历来由家族或师徒传承。在老字号剑铺中，以千字号、万字号和壬字号历史最久，影响也最大，以下分述其传承谱系：

1. 千字号剑铺

创建者郑义生，清乾隆十三年（1748）生。他在城镇东街开设铁铺，收徒授艺，用灌钢制作花纹宝剑，其第二、三代传人不详。

第四代郑三古为郑义生四代孙。咸丰五年（1855）在天妃宫开设千字号剑铺。咸丰八年，太平军入驻龙泉，须补给大量刀剑，因千字号剑铺所制剑质量优异，生意应接不暇。

郑三古之子郑文轩于光绪年间接掌父业，是为千字号剑铺的第五代传人。

第六代吴文奶为郑文轩之婿，现年77岁。郑文轩之子郑金生现年68岁，曾一度改行打造农具。

第七代传人周康有为郑文轩的外孙，拜郑金生为师，现年43岁，2004年重开千字号剑铺。

2．万字号剑铺

清光绪年间，周国华三兄弟拜郑文轩为师。满师后，周国华自立门户开设万字号剑铺，所制剑镌有"龙泉万字号制"字样，或刻卍字。

周国华之子周子望17岁随父学艺，1942年周国华去世，由他继承父业。1952年邻舍失火，千字号和万字号两家剑铺都毁于此灾。

第三代王镇铭为周子望之婿，现年68岁，1984年重张万字号剑铺。

3．壬字号剑铺（又名沈广隆剑铺）

清光绪十八年（1892），打铁高手沈廷璋开设壬字号剑铺。民国三年（1914）秋，县知事杨毓寺主持剑业精英大比武，沈一剑洞穿三枚铜板，并将另一家剑铺所制剑斩为两截，夺得剑魁。乡绅李观养因赞曰："论剑杨知县，夺魁沈廷璋。"

沈廷璋育有五子，名焕文、焕武、焕周、焕清、焕全，自幼随父学艺，时称"铸剑世家文武周清全"。民国十八年（1929），浙江省国术馆向沈广隆订制剑12柄，因剑质上乘又增加70柄。次年秋，在南京举行全国武术比赛。沈广隆剑铺应中央国术馆张之江馆长之邀，由沈焕文携剑30柄与会。1942年沈广隆剑铺分家，由焕武、焕周继承祖业，为第二代传人。

焕周之子沈午荣、沈新培于1984年重张沈广隆剑铺,是为第三代传人。新培之子沈观现随父学艺。

目前龙泉剑的著名传承人有浙江省工艺美术大师季樟树、沈新培,高级

图4-32 陈阿金剑铺

工艺美术师季长强、陈阿金(图4-32),工艺美术师周宗强、张叶胜、潘景先、金小鹰,技师季小宝、徐承业等约40余人。

在中国历史上,剑的功能及社会影响使之蕴含有深厚的文化内涵。历代以剑为题材的诗词、小说、戏曲、绘画不可胜数。"长剑一杯酒,男儿方寸心"。"感时思报国,拔剑起蒿莱"。在这里,剑已成为一种品格、一种象征、一种符号,表现的是中国人忧国忧民、共承时艰的崇高精神和文化传统。浙人秋瑾作《鹧鸪天》词云:"祖国沉沦感不禁……为国牺牲敢惜身?……休言女子非英物,夜夜龙泉壁上鸣。"她为国捐躯,英名长存,令龙泉剑平添光辉,真可谓"磨就龙泉胆气雄,神光长射斗牛中"(明邓子龙《磨剑口占》)。而《晋书·张华传》所述"斗牛之间常有紫气"乃龙泉泰阿"宝剑之精,上彻于天",及掘地四丈从石函中得剑以华阳赤土拭之剑倍益精明,后持剑经延平津,剑跃出腰间入水为剑的故事,传诵千载,令人们对龙泉剑的精妙和神奇生发出诸多遐想。

如今的龙泉剑多作锻炼、练武、赏玩之用,或以之馈赠亲友和珍藏。冶铁技术的更新换代,使毛铁、灌钢等原生态材料不复可得,只能从市面购

置成型钢材使用。多数剑铺、剑厂为提高效率、降低成本而使用机械锤、砂轮机和抛光机，传统锻剑技艺因之变形和濒于沦亡。随着社会转型和世态变易，愿刻苦学习和从事这门技艺的人已经很少了。而今年在六旬上下的锻剑师傅不到20人，花甲以上、精通传统锻艺的老艺人更屈指可数。在这种情况下，究竟该如何保护和传承龙泉剑锻制技艺是值得研究的一个问题。20世纪90年代以来，地方政府开辟龙泉青瓷和宝剑工业园区，举办"龙泉论剑"之类的活动。剑池亭于1984年被列为市级文物保护单位，同年沈广隆和万字号两家剑铺被命名为中华老字号企业。自2000年起，龙泉剑从业人员可参与评定技术职称。这些都对保护该技艺起了一定作用。因龙泉剑沿用有年，至今香港万剑山庄和广州拔刀斋仍藏有元、明、清及民国时期的实物，安徽巢湖、浙江永嘉等地还出土了清代所制龙泉剑。所以，拟议中的龙泉宝剑博物馆是值得兴办的，对年迈的锻剑艺人的采访、建档和发挥他们的传帮带作用尤具迫切性。

五、保安腰刀锻制技艺[①]

甘肃积石山是保安族、东乡族和撒拉族的自治县。保安族是元代来到青海同仁地区的西亚、中亚和蒙古的穆斯林民众与藏、土、汉等土著居民相融合，至明中后叶形成的族群。清咸丰、同治年间，保安族因和藏、土等族发生冲突而迁居积石山，甘河滩、梅坡、大墩三个村落为该族的主要聚居地，俗称"保安三庄"。这里属丘陵沟壑区，植被差，但有丰富的蕨菜和铜矿藏，现有人口5000余人。保安腰刀是该族的著名手工艺品，以甘河滩村为最集中，据1994年统计，全村有280户，320人打刀，年产10万余

[①] 本节引自张佩成《保安腰刀生产与销售民俗现状考察研究》，由郝苏民教授指导。

柄，产值150余万元，其中规模生产的刀商有4家。全族刀匠有620余人，年产腰刀40余万柄，产值600余万元，在该族经济生活中具有重要地位。

保安腰刀工艺精湛，刀刃锋利，携带方便，经久耐用，是保安、东乡、撒拉和藏、土等族习用的生活用具和饰件。早在元代，保安先民即能制作名为黑膛的木柄皮革刀，用于防卫和屠宰，但技术粗糙、质量较差。清咸丰、同治年间，赫赫阿爷从一位黑火匠那里学来了先进的制刀技艺，经不断改进，腰刀锻制有了长足的进步，声誉为之大增。20世纪50年代后期，由政府倡导在甘河滩村成立了腰刀厂。但好景不长，"文革"期间腰刀生产被视作"资本主义尾巴"、"弃农经商"，锻炉被毁，工具被没收。但许多老艺人不甘心祖传技艺消失，仍私下坚持生产。改革开放后，1985年马克承包了腰刀厂，从业者从原先的15户、25人增至72户、120人。经长期发展，保安腰刀已由原先的黑膛刀和波日季刀增至现今的牛刀、腰刀、藏刀、蒙古刀、哈萨克刀等十余个品种，十样锦、雅吾其、双螺、细螺、原角、鸠刀等30余种型式。藏刀、蒙古刀、哈萨克刀是自这些民族取材，鱼刀则源自印度刀的式样。在众多刀型中，最有名的是波日季刀，最美观的是十样锦刀。

保安腰刀选用优质钢材以传统方法精心打造，所用工具设备有锻炉、风箱、铁钻、大小铁锤、铁钳、铁锉、截铁刀、剪刀、冲子、粗细磨石、抛光用的剃子等。木炭用黑刺树和桦木烧制。以工序最繁复的十样锦刀为例，其制作工序分为刀坯、刀把和刀三大部分：刀坯制作有12道工序，包括切割钢材、加热锻打、开槽夹钢、成形、刻膛（整平刀坯，重点锻打刀刃和刀背之间的刀膛部位）、初磨、刻刃、刻字号、刻纹、细磨、钻眼、淬火、精锻整形和抛光（图4-33、图4-34、图4-35、图4-36）。

腰刀以刀把的不同组合命名。刀把是否美观、齐整是判断工匠水平的重要标志，其制作虽较简易却有很高要求，主要工序是裁制牛角、固定于刀把、制作护手、螺把、钉制铜盖（盖嘎）、磨刀把、在螺把上钉制梅花纹以及精磨。刀鞘用铜片裁卷、打制，鞘底银焊，再细磨鞘面和上色（图4-37）。

图 4-33 锻打

图 4-34 锉削

图 4-35 钻孔

图 4-36 錾花

图 4-37 制鞘

上色是用铁棍加热后插入鞘内，使鞘坯变成金黄色。木鞘由挖制而成，须钉制压条和抛光，再配环和制镊，以防刀从鞘中滑落。

淬火是腰刀制作的关键技术，被艺人们视为不传之秘。水淬时须让刀背先入水，然后全刀插入直至冷却。近年来景泰蓝工艺的引入使得保安腰刀的制作更添风采，显现传统技艺的自主创新能力。

腰刀制作先前有若干禁忌，如艺不外传，即便招收学徒也多有亲属关系。拜师学艺需两到三年，第一年只干杂活，之后才传授技艺和给工钱。学满出师如自行开炉打刀必须得到师傅的许可，否则师傅可以砸碎他的炉子。旧时打刀禁止妇女在场，尤其是刚分娩和正来例假的妇女，并严禁妇女坐骑和跨越制刀工具装备。如今这些禁忌已不复为年轻人遵守。除保安族人外，也有汉族农民从艺，如甘河滩村的刘文忠、刘文吉兄弟，打制角刀已有十多年的历史。

"十样锦把子的钢刀子，银子啦包下的鞘子，青铜打下的镊子，戴上是格外有样子。"这首花儿十分贴切地表明了保安人的佩刀习俗和审美观。每逢喜事，他们头戴礼帽，身穿长袍，腰束各色长带，挎上腰刀，显得威武潇洒，富有活力。正因如此，艺人们精心制作刀和刀把，务求庄重美观和有丰富神秘的文化内涵。实用与审美于一体，使保安腰刀具有浓郁的特色，受到各族民众的喜爱，成为唤起人们崇高情感和认同感的符号与标志物（图4-38）。

图4-38 保安腰刀

改革开放激活了腰刀的生产与销售。制售腰刀成为保安人致富的一个重要途径。但1995年公安部门有关刀具管制的法规使保安腰刀销售受挫，一些刀商所携腰刀被拦截没收，商店所售腰刀被迫下架。1999年保安腰刀销售量陡降至5万柄，产品积压，艺人失业，有的被迫滞留在本地区销售。这个问题理应引起有关部门的重视，适时予以妥善的解决。

积石山保安族腰刀锻制技艺已于2006年6月列入第一批国家级非物质文化遗产名录（编号：392），相信在政府、社区、艺人、专家的共同努力下，这一珍贵的传统技艺当能持续发展和发扬光大，如保安族诗人马学武所说："啊，保安人／你的诞生，／同时，诞生了一个奇迹／保安腰刀／你的存在／同时，存在了一个民族。／保安腰刀，你是我们的灵魂，我们的象征。"

六、户撒刀

阿昌族制作的户撒刀是明清以来云南乃至南方地区的著名刀具。2001年1月，李晓岑等在德宏傣族自治州陇川县户撒乡进行了调查。

在此之前，汪宁生在20世纪70年代曾写作《阿昌族的铁器制作》一文。这次调查主要集中在户撒刀的制作方面。

户撒是陇川县的一个小坝子，海拔1400～1500米，东西长30多公里，南北宽3～5公里。这里是阿昌族的主要居住地，东部称户撒，西部称腊撒，有阿昌、傈僳、景颇、汉、回等族共2万多人，其中阿昌族占一半以上。户撒乡共有11个村，农作物主要是水稻，还有小麦、油菜等。

《新纂云南通志》卷一四二说："户撒、腊撒两长官司地所制之长刀，铁质最为精练，与木邦刀无二。"所谓"北有保定，南有户撒"，均享有盛誉。

大多数阿昌族自然村都能打铁，并形成一村一器的专业村。据1958年的民族调查报告，土改前"大多一个村寨专打制一种铁器，如海喃寨专门制作犁头，下蛮东寨专门制小尖刀，蛮旦、新寨等专门打制大长刀，蛮来寨善做马掌，而户撒芒东寨则多打锄头，户拉寨制刀鞘，来福寨打制砍刀"。直到50年后的今天，这些村寨的打铁专长仍在延续着。打铁集中于9月至次年的4月，又以冬季最盛。新中国成立初有上千人从事打铁，现在高达数千人。农闲时，80%以上的男劳动力打铁，其中一多半去外地特别是缅甸。冬去春回约4个月，打铁具，修铁具，顺带收些铁料回来。阿昌族铁匠手艺好，很受尊敬，以家庭作坊居多。一般每家2~4人在一起打铁，人手不够就雇工，也有少数人家合作打铁、共同分利的。新中国成立前多从缅甸输入铁料，现在则多用废旧的铁料或钢板，每千克约1元多。工匠凭着多年经验，一眼就可看出铁料好坏和适于做什么。当地一直没从矿石中炼铁，多数人连铁矿都没见过。过去招徒弟，吃、住在师傅家。干三年活者，出师后自置工具，干四年活者，师傅帮置一套工具。女人不打铁，但可做拉风箱等下手活。以下就景颇刀制作技艺作一简介。

（一）新寨的景颇刀制作

所谓"景颇刀"是指阿昌族做的长刀，因多由景颇族佩用而有此称谓。景颇刀在整个滇西南地区受到欢迎，景颇、傈僳等族都视其为宝刀，出门必佩。在景颇，每家都备有规格齐全的各种刀具，结婚送礼用的都是阿昌刀，对景颇人民俗、生活有重大影响。

长刀主要在腊撒的新寨、芒旦等村寨制作。新寨仅24户人家，100多人，但家家都打景颇刀。与砍刀不同，景颇刀有磨刀工序，周身发亮，又称亮刀，锋利且有装饰性，刀面有嵌铜花纹，十分精致。我们在一个家庭作坊观看了打刀的全过程。

1．下料 把废旧钢材用凿子在钻上切割。

2．烧料与打铁 加木炭鼓风，在炉中反复烧料、锻打约十余次。烧料时，要把盐巴撒到铁料上。

3．刮皮 铁料成型后，放到木凳上用锉子刮磨铁皮，到刀面光亮为止，又称"擦白"（图4-39）。现多用砂轮打磨，但仍以锉子刮出的刀性能好，价格要贵得多。

图 4-39 刮磨

4．淬火　在盛水的木槽中淬火，先淬刀锋，再锻打，然后再淬整个刀身。淬刀身时温度已较低，所以刀背柔而坚韧。若锻剑就只能用油淬，因剑需有较大韧性，否则容易折断。

越好的刀子，打的时间越长。打成后铁质极为精炼，这实际上就是百炼钢。据老人说，过去还有一种能"吹毛透风"的宝刀，现已失传。

新寨还能在铁刀上"走铜"。此项工艺似乎为新寨所独有，为该村代相传之技术。1958年的民族调查曾予记述，20世纪70年代汪宁生先生调查时未曾见到。这次我们有幸得见，其工艺如下：

1．画线　用铁工具在刀背上画线，先画两条平行线，再画方格。

2．凿图案　以凿子为工具，把图案凿在刀背上，深浅要合适，约需凿半个多小时。此步骤为手艺活，要长期操作才能熟练掌握。

3．涂铜粉　先烧刀子，然后把化学药品和铜粉混合，涂在图案上，以涂满为度。

4．烧刀　把涂了铜粉的刀子放到炉中，用大火烧到通红，此时火焰呈绿色。

5. 淬火　用钳子把刀夹出，立即放入水中进行全刀淬火。

6. 刮白　坐在凳子上用锉子把过多的铜粉刮去，使刀身发白发亮、露出图案。

7. 二次淬火　再把刀子放到炉中加热，到一定火候时二次淬火。此时为局部淬火，仅淬刀锋即可。

8. 修饰　用锉子或砂轮刮削和磨刀面。

（二）钢铁的材质处理

阿昌族钢铁材质处理有淬火、夹钢和渗碳等。

淬火方法多而各异。因淬火对刀的品质有决定性作用，铁匠对淬火十分看重，作为绝技保密，这在过去和现在都是如此。他们根据成品用途的不同，用不同的冷却介质淬火。水淬有白水（水中不加任何材质）、绿水（有青苔的水）、黄水（渗土的水）之别。硬度要求高的，在水中加适量盐巴，以提高淬冷能力，也有在水中加铜粉的。要得到较柔韧的铁器可用油淬火，或多种冷却介质配合使用。如有需要，在用油淬火后还可再加入牛血淬火。据铁匠说，百年前阿昌族打宝刀要用虎血淬火。

淬火操作有很多讲究，一般先对刃部局部淬火，锻打后使刃部坚硬，再对刀的全身淬火，并要注意加热温度、时间、介质及淬火速度，以获得理想的淬硬层深度。刃部淬火得注意水体平静，使淬火均匀。

当地铁匠说，阿昌刀好就好在淬火，而奥妙又在当地的水质。同一个工匠出外打刀就不如在当地打的。这说明，貌似简单的水质很可能就是阿昌刀长期保持优势地位的一个关键因素。

在户撒一带，打镰刀或其他工具须用夹钢技术。本次调查见到的主要传承人是易绍美师傅。夹钢时，夹层中要加一点土，使钢与铁之间容易黏合。云南江川李家山古墓已出土夹钢制品（M68号墓）。南诏大理国时期也有记载，如宋代《续博物志》称南诏"刀剑以柔铁为茎干，不可纯用钢，纯钢不折则缺"。

阿昌族还懂得对钢进行渗碳处理，使刃具有较高的硬度和耐磨性，而仍保持韧性、不易折断。渗碳过程中，要撒一把食盐到已烧红的钢上，再反复锻打把钢中的渣子挤除，使铁质精纯。

（三）里蛮呆村的装饰工艺

新寨等村寨打的刀子，通常由里蛮呆村民进行刀具装饰等后期制作再予出售。

里蛮呆村位于户撒中部，有93户人家，500多人。这里的村民不打铁而是世代以刀具装饰为业，并形成一户一品的特色，有专做刀鞘的，有专安刀柄的，有专做刀具装饰"景颇摆"的。从材质来说，有专做银饰品的，有专做黄铜饰品或白铜饰品的（图4-40）。其中以银饰工艺最为著名，有些做刀具装饰的已成为专业大户，名声远播省外。

长刀装饰多用铜和银，短刀有时用牛角柄。为求器物精美、棱角明锐，

图4-40 刀具装饰

很少用模具而是直接凿打花纹，复杂的装饰往往有十多道工序。例如专门做银鞘的大户李成应全家有多种分工，有刻花的、描线的、嵌字的和缠线的。高级银鞘刀具花纹富丽，每把600多元，可获利100多元，他家每月可打40~50把。装饰工艺属精细活，不需费很大力气，女人也可参与，这与其他村寨很不相同。经过装饰，户撒刀变得十分精美，图案繁多，如刀柄就有鱼尾纹、十字花、寿字花等，全用手工凿制，在银质衬托下闪闪发光，极尽变化之妙。

里蛮呆村是户撒刀加工的终点站，外地客商从这里把刀买走。所以，村民还充当与外界做买卖的角色，他们不仅是有技艺的工匠也是见多识广的商人，观念显得要现代一些。这里出产的户撒刀有各种生产和生活用刀，根据市场需要能制作匕首、长刀、景颇刀、藏刀、维吾尔族刀等120多个品种，远销西藏、甘肃、新疆、内蒙古等省区及缅甸、泰国、印度等国。

阿昌族居住地较为偏僻，处于中缅边境。从地理位置和交通来看，他们不易与外界进行技术交流，但其制铁技术在西南各民族中却首屈一指。当地水质优良，无疑是能打出好铁的一个重要因素。各种锻打和淬火方法都具有特色，或许是阿昌族制铁能取得高水平的另一重要原因。

在现代化冲击下，很多民间工艺都处于濒危状态。但阿昌刀制作技艺却仍顽强地延续着，各村各户的技术特长很长时期都不曾改变。这种地方性知识如何能保持长时间的领先地位，而且在阿昌族这样人数较少的族群中传承，是耐人寻味的文化现象。

阿昌族制铁技术的渊源值得进一步探究。有学者认为，南诏王室是阿昌族的祖先，云南制铁技术在南诏时期已很发达[1]。但户腊撒以外的阿昌族不会打铁，所以这种推测不一定靠得住。也有资料说，明洪武年间沐英西征曾留下部分军队驻守户撒屯垦，他们将打制刀具的技术传给了阿昌同胞，至今已

---

[1] 云南省编辑委员会：《阿昌族社会历史调查》，第30页，云南民族出版社，1983年。

有600多年的历史①。

　　阿昌族制刀业规模大，分工细密，但多为家庭作坊式的分散生产。每寨的打铁品种专一，产品质量很高。相当部分的劳力以打铁为生，是专业的铁工，打出的是专业化的产品，这与传统农业社会的铁匠是不一样的。阿昌族这样大规模、长时期地从事专项技术工作，在少数民族中是罕见的，实际上形成了一个由技术传统支配的村落社会。而另一部分阿昌人则成为出售刀具的商人群体，他们与技术工人相配合，成为这个社会中最活跃、最受益的组成部分。这种现象对人类学的研究有重要价值。

　　阿昌族铁器制作对周围民族有很大影响，是滇西北很多民族所用铁器的主要来源。阿昌铁器在新中国成立前传布于中国西南和东南亚地区，现在更远达甘肃、内蒙古、新疆等地。这说明一个民族的优秀技术产品往往是跨地区、跨文化的。这对古代器物分布的研究有重要的启示意义。

　　阿昌刀的制作也面临现代工业的挑战，由于设备落后，成本较高，有可能出现困局。我们认为，在维持民族特点的前提下，可适当吸收现代技术予以改进，以提高生产力和适应现代民族文化发展的需要。

---

① 汪宁生：《云南傣族制陶的民族考古学研究》，《考古学报》2003年第2期，第258页。

第五章

泥型和石范铸造

在我国古代三大铸造技术（泥型、失蜡法和铁范）中，泥型铸造延续时间最长、应用最广也最为重要。这一传统技艺至今仍存在于许多地区，用来铸造铁锅、铁管、香炉、佛像等器件，在北方称作掰砂法，南方则称之为泥型。

石范铸造是一种古老的工艺，我国在新石器时代晚期曾广泛用以铸造器形简单的小件铜器，少数地区延续至晚商或汉代。人们没有想到的是，直至当代在云南曲靖和川滇边境竟仍使用石范而且是用它来铸造铁犁铧。这甚至对专家们来说，也是常识和意料之外的。

以下简述这两种传统铸造技艺。

一、掰砂法

温廷宽在20世纪50年代中期于华北地区对掰砂法作了实地观察及工艺记录：

1. 挖坑　以铸造高约1.8米、直径约1.15米的铜钟为例，须选择干燥处挖出圆形平底的地坑，深度须比所铸工件高出1米多，直径要比钟径大3倍。坑内除铸型外，还须有安放烘炉和工匠操作的空间。

2. 制模　地坑挖好和晾干后，在坑底铺设厚约40厘米的碎砖，找平。砖上铺一圈纸，纸上堆铺造型材料并舂实墁平，其外径约1.5米，内径约50厘米，厚约20厘米。这一环形泥型即是钟的底范，外径稍大于钟范。造型材料亦即范料用过了筛的红砂、白砂与马粪、糖稀水混匀配制，其质量比约为50∶50∶12∶10。红砂为黏土，起黏结作用。白砂颗粒度较大，利于透气。底范内圆的空隙处须填碎砖，便于泥芯通气。范底铺纸是防止范料落入坑底碎砖内，有碍通气。底范之上也得铺纸。于内圆碎砖处垒木柴，木柴四周糊泥，逐层向上达到预定高度后，塑出钟纽，待墁圆、刮齐、抹

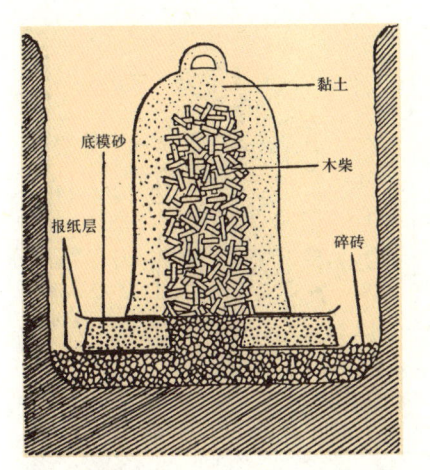

图5-1 钟模

图5-2 制范

光和刻塑花纹与文字后，即成为实体的钟模（图5-1）。钟模要阴干，如发现裂纹须再修补和晾干，然后制作钟范。

3．制范　制范前，须在钟模表面烤蜡使光滑，便于钟范取下。圈形的范高约50厘米，厚20厘米，上表面抹平后铺纸，如此层层制作直至钟顶处（图5-2）。

钟顶范的做法须视钟纽型式而异。

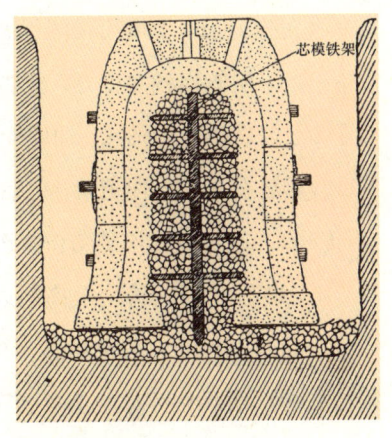

图5-3 铸型剖视

如纽为蒲牢，因其形状复杂，须用多块范拼对，如为提梁纽，可从梁的中心线处分范，有两块范即可。具体做法是在中心线的一侧堆筑模料。浇口和冒口处用圆木棒作模。一侧做好后，贴纸再做另一侧的顶范。中心处的冒口则是将顶范分型面处挖洞，使达到钟纽的横梁，插入圆棒状的冒口木模，四周用模料填实。然后把三根木棒抽出，成为一个浇口和两个冒口（一大一小，小的冒口居中）。如铸特大铸件，须用两个或两个以上的浇口同时浇注，冒口也得相应增加（图5-3）。

图 5-4　铸型

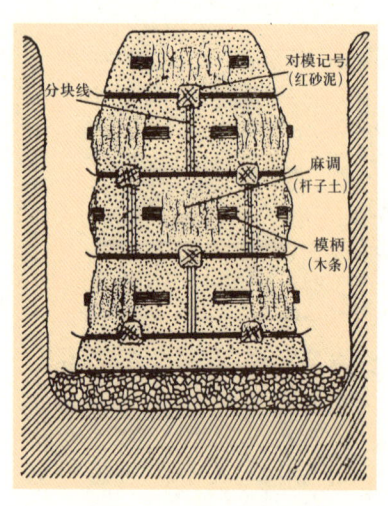

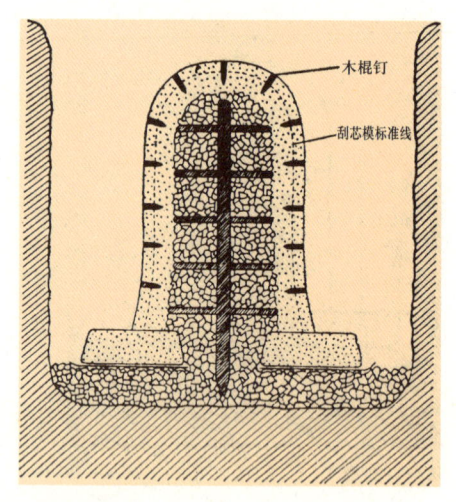

图 5-5　制芯

钟范做好后，用墁刀将范于纵向切成若干等分的范块。先切下层，再切上层，上下层的切线要错开，犹如砌墙的砖缝状。范壁须加木条，其法是用坩子土、红砂搀以糖稀水，加碎麻混匀，用这种泥料把方形的木条糊贴到范壁，两端露在外面以便把持。之后，在各层范和各块范的接合处抹泥，划痕（打泥号），使合范时不致错位（图5-4）。

4. 烘范　钟的铸型须高温烘烤。烘炉安放在钟范外侧，用铁板盖住铸坑。约两三天后，范已烘透，待降温后即可从钟顶到底逐层卸范，范块须按先后次序逐块存放，避免合范时有误，层间的纸可揭去。钟模也要拆除，并把坑底的杂物清扫干净。

在卸范时，难免有部分特别是边角处有所损伤，须用笔蘸水，调和模料逐一修补，再在受铸面遍喷水雾，用袋装的木炭粉抖洒，然后用毛刷拂拭，使炭粉均匀分布于范表，在浇注时起保护作用。底范也要如法洒炭粉。之后，在坑中央碎砖上架烘炉，把块范垒放在炉周，烘烤两天后把范块取出。

5. 制芯　范块取出后，扒开坑中心的碎砖，将预制的芯铁插入坑底（约深30厘米），仍用碎砖填实。码好底范后，用麻绳从范外捆牢。在芯铁四周堆放碎砖，充填芯料舂实，如此逐层制作（图5-5）。合上顶模后，用木条试探浇冒口，予以修整。之后，卸去钟范，用众多一头削尖的木棒趁芯料未干，插入其内，使与表面齐平。木棒即为刮制钟芯的标杆，使铸后钟的厚度符合要求（图5-6）。芯料刮去的厚度须视对钟厚的要求而定。刮芯时使用墁刀，要注意芯面保持平整。刮芯后拔去木棒，遗下的孔洞用芯料填平，再喷水和洒木炭粉。此外，浇口以下的钟芯部位要插铁钉，避免浇注时冲刷损坏。

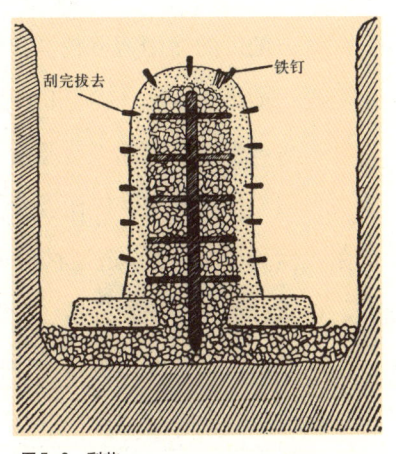

图5-6 刮芯

6．烘芯和合范　钟范制成后，仍用烘炉置于坑底周围，盖上坑口，烘烤两天。之后，即由下而上逐层安装范块。每层于范壁外用铁丝捆紧，最后在坑内填充碎砖并舂实。浇口杯用铁桶制作，底部凿洞，塞上长柄的圆形铁塞，用焦炭粉和坩子土加水调匀，涂抹桶底和桶壁，厚约8厘米，烤干后即可使用。铸型顶部还须用石块压重，避免浇注时抬箱（图5-7）。

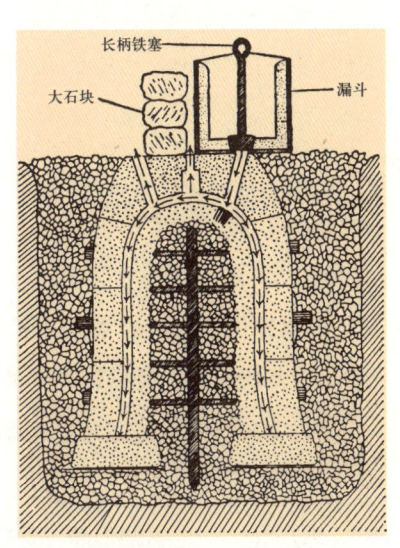

图5-7 待浇铸的铸型

7．熔化和浇注　铸坑周围设多座熔炉，同时熔化和放铜。长柄铁塞是用铁丝拴在浇口杯上的。铜水盛满后，剪断铁丝，用铁棍穿过柄端的钩环，抬棍拔塞，铜水即灌入铸型。

8．清整和铸后加工　铸件冷却后，搬走压重和浇口杯，取出坑内充填的碎砖，剪断铸型外的铁丝，即可清除范块，取出铜钟，锯去浇口和冒口，再经錾凿、磨砺，去除毛边、毛刺即得到成品。

南方地区的泥型铸造技法和掰砂法略同，但原材料因地而异。黏土多用白泥、黄泥和磁泥。白泥和黄泥各地多有，前者耐火度1300℃～1700℃，后者为易熔性砂质瘦黏土或肥黏土，耐火度低于白泥。磁泥产于江苏无锡、安徽阜阳等地，耐火度较低，但用于铸锅的多次型效果甚好。为提高铸型的耐火度和泥料瘠性，造型材料多加入缸屑、煤渣、耐火砖粉以及麻刀、稻芒、砻糠、锯末等植物纤维。分型剂则多用糠灰或木炭灰。

以无锡铸件厂所用泥料为例：大型铸件所用面料由紫泥、石墨粉、耐火砖粉、焦煤粉配制，背料用石英砂、白泥、缸屑和焦煤屑配成。中小型铸件的面料使用紫泥较多，背料和大型铸件相同。铸管的面料用焦煤粉80%和紫泥20%配制，背料用黄泥45%，缸屑30%，焦煤粉25%配成。这种泥料因较易成型，还适用于刮板造型。

二、多次型铸锅

成批生产的中、小型铸件常采用能重复使用的多次型（或称半永久泥型），最具代表性的是铁锅即釜的铸造。

《天工开物·冶铸第九》记载铸釜工艺称："其模内外为两层，先塑其内，俟久日干燥，合釜形尺寸于上，然后塑外层盖模。此塑匠最精，差之毫厘则无用。模既成就干燥，然后泥捏冶炉，其中如釜，受生铁于中，其炉背透管通风，炉面捏嘴出铁。一炉所化，约十二釜二十釜之料。铁化如水，以泥固纯铁柄勺，从嘴受注。一勺约一釜之料，倾注模底孔，不俟冷定，即揭开盖模，看视罅绽未周之处。此时釜身尚通红未黑，有不到处即浇少许于上，补完打湿草片按平，若无痕迹。"（图5-8）《明会典》载宝源局铸铁锅用料有白炭、炸块、磁末、青坩土、竹筛、马尾罗、麻等，做法当与之类似。

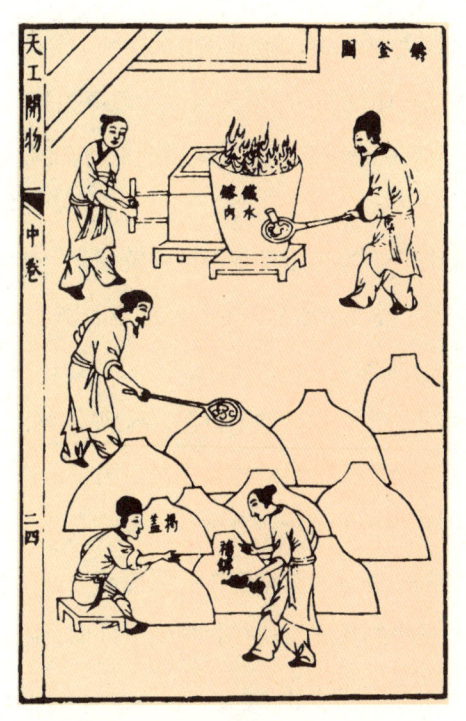

图5-8 铸釜，采自《天工开物》

这种传统工艺直到现代仍广为应用，如创立于清道光十七年（1837）的无锡王元吉冶坊即以善铸薄壁铁锅著称。铸锅的多次型所用造型材料多出自当地，有稻芒、糠灰、磁泥、煤灰渣、松烟灰。糠灰以山区种植的籼稻糠为好，因其壳厚质坚，焙成灰后制成面料，所做泥型耐火度高，强度大，经久耐用。糠灰须经筛分，粗灰和细灰性能有别，须保持干燥备用。磁泥的黏性和韧性都很大，富含有机胶质，须贮存在水缸中备用。如晒干或受冻会变质，使黏性降低。松烟灰系作涂料用。

造型材料分成四种：背料用黄泥10份、稻芒1份加水制成。块状黄泥要放入池内，浸透后搅成浆状，掺入稻芒，用铁耙反复搅拌使匀。然后按传统做法用足反复踩踏，直到泥料柔软，再放置一昼夜备用。

中间料是为连结面料和型坯使用，由磁泥浆和煤灰渣加水配制成粗料，细料的煤灰渣须加倍，粒度也要更细。面料用磁泥浆、粗糠灰、细糠灰加水制成。先将磁泥浆加水使稀薄，移入铁臼内，次取70%的糠灰加入踩匀，其余30%的糠灰在踩踏过程中逐次加入。经反复踩踏，泥料表面发亮，有韧性，一般须踩2小时以上。浇口泥料的配制方法与之相同。修型料则用磁泥浆、粗细糠灰加水调成，配比与面料有别。

下型用砖坯和黄泥制作成型，反置于地面，刷磁泥水，再洒糠灰作为分型剂。然后将背料堆放在型的口沿，向型底推抹，泥料厚度40~60毫米。

型的表面修饰平整后，于型的中心部位挖出车孔（放刮板处）。

泥型须晒干，时间约需10天左右。在干燥期间，隔天用绳栓顺序拍打，每天两次，务须打得结实。泥型半干时，在边缘挖出四个供提携用的孔洞，并在型上扎气孔。

泥型表面可用工具刮平，再移置车台，要用木楔把泥型位置调正，使车规（即刮板）与泥型表面的间距均等。淋上清水后，用竹刷把型面刷毛，涂刮一薄层黄泥，用刮板修光后晒干，即成为合格的下型。

上型以下型为模，制型时将下型平放于地面，堆上黄泥，抹成平顶锥形的上型。稍干后，在型腰四周做出四个供搬运用的把手，然后阴干。待半干时，每天用绳栓拍打。型顶中央开浇口，型上须扎气孔。

泥型干燥后和模一同翻转，在型的边缘浇水，用麻布搓擦使起毛，再放在车台上用刮板刮平。待稍干，还得用绳栓和石块拍打型的里外面。阴干后，用梃锤将型的内表面磨光，成为合格的上型。

上、下型涂抹中间料的技法相同，只是刮板转动方向相反。先使刮板和泥型相距5～8毫米，抹一层黄泥，刮平；再使二者相距6～10毫米，涂粗粒料，用力搓遍整个型面，刮平；再撒细粒料，边搓边刮至平整匀称为止。

泥型干燥后，须于500℃～600℃的高温下烘烤至表面发红，然后趁热在浇口处搓涂浇口料，涂一层刮一层再涂一层；紧接着在型面涂糠灰料，边涂边刮，反复三次。待低温烘干后，还要用细砂纸修整型面和用刀具研磨浇口，务使合型后的型腔厚度均匀，浇口壁光滑（图5-9）。

浇注前，泥型表面须刷松烟灰加水制成的涂料，烘

图5-9 铸锅的泥型，采自霍梅尔所著 China at Work 一书

干备用。连续浇注时，每次脱型后都要趁热刷上涂料。泥型合上后，用竹篾从浇口插入，沿型腔回转以测试厚度是否均匀，必要时须微调。上下型是用撬木扣合，以螺丝拧紧。

化铁用小型挽炉，如《天工开物》所说，炉膛形状如釜，风管从炉后插入直对炉膛中央，使木炭充分燃烧，炉温可高至1450℃左右。铁水注入水包内，温度约1400℃，盖上稻草灰保温，随即浇注。铁水包通常距浇口约150毫米，要求快浇。然后把浇口内的多余铁水挖出，用称为"脐印"的带木柄的圆形铁饼压平锅脐（即浇口所在部位）。扭松螺丝去除上撬木后，轻敲下型，将它挪开，翻转上型扫去烟灰，就可钳出铁锅。

多次型铸锅的最大优点是一副泥型可使用几十次到几百次，生产周期短，所以尽管纯属手工操作，却可高效率地大量生产。这种铁锅最薄处仅0.5~0.8毫米，虽为灰口铁材质，却有韧性，直径40厘米的锅竟可压扁至29厘米不开裂。由于质优身轻，利于炊事，故深受民众欢迎。

三、佛山叠铸

佛山叠铸据民间传说始于明代中期，距今已有500多年的历史。原先多用来铸造小件的日常用品和艺术品，20世纪20年代起引用于工业生产，制作纺织机械和缝纫机的零件，如锁头、齿轮、齿条等（图5-10），精度可达5~7级，光洁度达▽$_3$~▽$_6$，比砂型和普通泥型铸造都要好。

叠铸的造型材料用黏土和木屑配制。黏土取自当地，呈浅黄色，属于瘦黏土。黏土须晒干、碾碎制成泥粉。木屑有粗细之分，粗屑用于背料，多为

图5-10 叠铸件

图 5-11 叠铸范

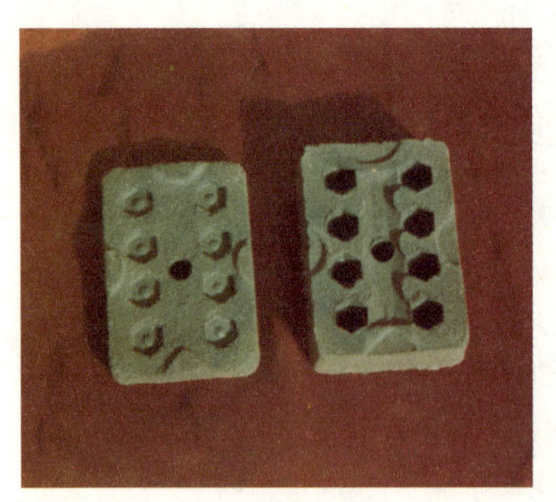

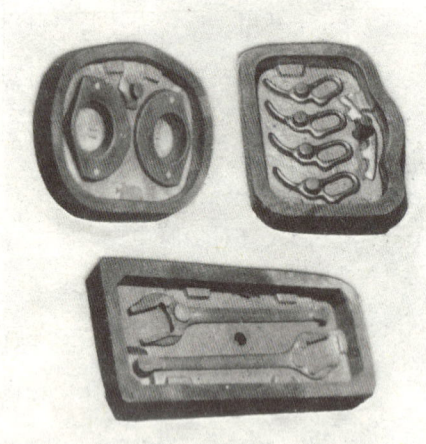

图 5-12 范盒：左上，梭条；右上，带环；下，牙叉

杉木质，焙烧时易炭化。细屑用于面料，多为硬杂木质，焙烧时不易炭化，型面较光洁（图 5-11）。

叠铸的模具由金属模和模板组成（图 5-12），造型时须加型框。型和芯制得后或阴干或晒干或低温烘干。合范时用铁丝捆绑，再用泥浆涂挂，避免浇注时跑火，同时可保护铁丝不致因过度氧化而失去强度。每副叠铸范由多层组成。焙烧温度达 800℃～900℃，须烧红到半透明才称烧透。传统的做法是用木柴做燃料，凭经验看火色，先从浇口冒黑烟为有机物的不完全燃烧，转成红色火焰，待火焰转弱，从浇口可以看见型腔内部，即停烧并趁热浇注（图 5-13）。由于铸型温度高，绝热性好，冷却速度慢，壁厚才 0.5 毫米的铸铁件也能铸就且不出白口，机械性能比一般砂型铸件为优。

现代叠铸技术是随着大机器生产的兴起、为适应批量铸件的需要而发展起来的，多用于活塞环一类小型铸件，成本之低为其他铸造方法所不及。它的工艺思想和某些措施与古代的叠铸是一致的。从铸造技术发展历程看，传统叠铸工艺就是现代层叠铸造和壳型铸造的前身，佛山和广州的铸造厂把它称为薄壳泥型是有道理的。20 世纪 90 年代，传统叠铸在佛山地区已经

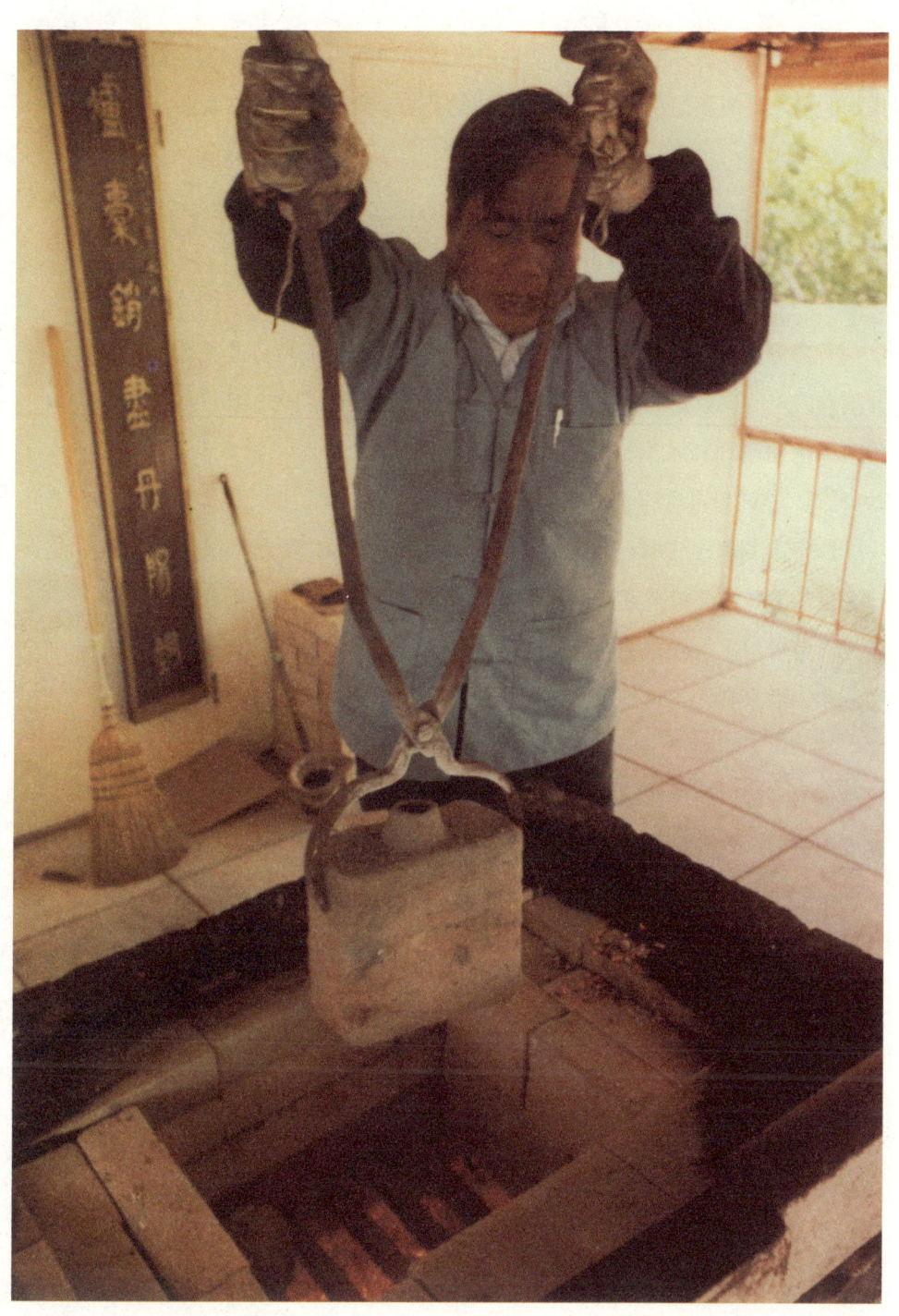

图 5-13 叠铸范的预热

消亡，工匠和装备多已散失。所幸佛山铸造厂和广州华南缝纫机厂都有较详细的记录，使我们得以略知梗概和窥知其与早期叠铸的内在联系。

四、曲靖石范铸犁

石范铸造在青铜时代早期曾很流行，但以后即为泥型铸造所取代。而云南和四川的少数民族地区现仍保留这种古老的技艺，1982年王大道先生曾对云南曲靖珠街董家村的石范铸造进行考察①，引起了学术界的重视。2005年，李晓岑再次作了调查，以下作一简介。

曲靖市董家村从事石范铸犁的家族姓袁，老家在富源白水城关镇寨子口乡，约100年前搬来董家村，原先是河南人，充军来滇。新中国成立前他家石范铸犁做得很多，传子不传女，20世纪50年代并入集体经济，但没有人学。后来有人学，却没有学到手。1992年，传承人袁德成去世。

2005年再次调查见到的操作者为许中恒，75岁，家住曲靖市白水镇。许中恒与袁德成的妹妹结婚，1949年从袁的大爹学石范铸造。20世纪80年代农闲时期，他在富源县的营上、大河、黄泥河、雨旺、老厂等地自带石模子（石范）铸犁铧，由农民开工钱，一个月给100元，可包吃住。当时，一个月可做500个犁，都是请去做的，供不应求。他曾带了小工，但没学会。以前他家有40多副石模子，现有还有10来副，1996年后没有再做。

20世纪50年代，每件犁铧可卖1元7角，60年代可卖7角，70年代约7~8角，80年代可卖1元5角，90年代可卖2元。四五个人一天可做40件犁，每人可得20多元。80年代他家曾有3~4个小工做烤模、打铁、破碎焦煤粉、挖胶泥等杂事，1983年买了鼓风机，淘汰了原来的木风箱。

---

① 王大道：《曲靖珠街石范铸造的调查及云南青铜器铸造的几个问题》，《考古》，1983年第11期。

(一) 制作石范及修范

铸犁铧的砂石范要求耐火，不裂，不炸。石料来自沾益与宣威交界的沈家村，是自己凿开原石采来的。选择什么性质的石头大有干系，须选用白砂石和红砂石，石中有层纹的不能用。

制范工具有铁锤、砧子和铲刀。先将两块砂石的一面琢平，在面上各凿一长方形凹孔，以便操作时抠抬。下面开出犁形的凹槽，用铲刀铲平槽内凹凸不平处，双合范就做好了。石范平时要放在干燥处，范重约40千克。

犁范的芯用铁片作骨，在首部下方逐层涂上80%的焦炭粉和20%的白胶泥加水拌合的耐火泥。每涂一层要烘干，如此反复多次，再修削成一面平一面凸的舌形，经烘烤后即可使用。芯长29.5厘米，上宽16厘米。每次铸后要用耐火泥修补，一般由小工做。经过一段时间的浇铸，范面出现大的缺陷就要大修。修范有三道工序：首先要补上毛料，所用泥从2公里外的九家村找来。其次把范烤干，再修平。最后在范上刷龙爪菜烧的灰（为黑色泥状）。许中恒说，石模子（石范）保养得好，可用50年，若保养不好只可用半年。

(二) 烤范和备范

1．烤范　烤范时把范放在铁架上，下面烧柴，大约要烤2~3小时，把石范烘干才能浇铸。不烤范，石头会炸裂。芯须边烤边反复涂上黑泥。

2．备范　熔铁之前要备范。先把两扇范平放于地，铸面朝上。将芯的凸面放入下扇石范的犁形凹槽内，平面朝上，有约三分之一伸出于槽外。内范的放置关系到铸件的厚薄和好坏，要求操作者有相当的经验。接着，将耐火泥做成直径约1厘米球形"棋子泥"（泥芯撑），放在芯的靠舌部正中处，然后把上扇范合在下扇范之上。由于棋子泥直径大于合范后形成的型腔的厚度，故被压扁并与芯和上扇范黏结，芯的位置及与上扇范的间隙遂

图 5-14 竖模子

被固定。芯面与上扇范间的空隙既是铸出的犁壁厚度，又是浇口。

3. 撬模子　将铁皮箍在腰部中间，用木撬棒插入石范与铁箍的缝隙间，再用楔子楔入撬棒与石范的铸型缝隙。这样，铸型就被紧固了。

4. 竖模子（石范）　为备范的最后一道工序（图 5-14）。在炉内生铁熔化即将浇铸之前，将合好的石范支撑成倾斜状，角度约 80 度，浇口朝上，以待浇铸。竖早了会上灰，影响铸造质量。另外，王大道先生认为，如果过早竖起石范，因本身重力会使泥芯撑不堪承受，造成位移，导致浇注失败。

犁镜石范的安装与上面的工序大体相同。但犁镜范无型芯，不需用泥芯撑。把范斜竖后，须在浇口处加一圈黄泥，使铁水能顺利进入浇口不致流失。

图 5-15 浇铸

(三) 浇铸

1．上炉　将坩埚与甑底对接在一起，先撒黑灰，再用黄泥敷好甑与坩埚结合处的缝隙，形成一个炉膛，继用小火烘干。下面用铁条将坩埚抬起，固定在炉上。

2．预热　将焦炭点燃，预热约20分钟，使炉内达到熔铁所需温度。

3．熔铁　把碎铁放入层炭，鼓风。生铁块逐渐熔化，铁水流入炉底的坩埚内。约1小时，生铁块就全部熔化了。

4．下炉　用铁钳夹去敷在甑与坩埚间的黄泥，然后将长铁杆的方头插入坩埚方銎内抬起坩埚，迅速抽去坩埚下的垫条，用长棒抬下坩埚，把表面的渣扒掉，即可进行浇铸。

5．浇铸　用木棒插入坩埚柄内，抬起，把铁水注入范内，灌满即止（图 5-15）。浇铸时，要先快再慢。为避免铁液浮力把芯抬起，要有一人持木棒将芯限制在原位,另一人不断用棒把渣去掉,让铁水能顺利流入浇口。浇毕约1分钟,用木棒插入芯耳,将芯抽出,以防铸件冷凝收缩时把芯夹住,两三分钟即可撤范。

6. 取铸件　依次除去楔子、撬棒、铁箍,抬下上扇范。由于浇铸后范表并不很热,这些工作极易进行,接着用长柄铁钳夹出铸件。待冷却,用铁锤敲去毛边,就得到成品(图5-16)。

犁镜用料和犁铧相同但废品率高,因它的形状是弯曲的,铸造难度较大。

整个铸造过程最少应有3~4人。制作犁铧和犁镜的铸铁,约每千

图5-16　铸成的犁铧

克3元。

（四）工具装备、产品和相关民俗

甑炉又称八卦炉，高72厘米，长105厘米，用耐火材料砌成。甑下接坩埚。工匠说，从古代就用这种炉子。坩埚，当地人称"烧子"，外径38厘米，内径26厘米，高20厘米，内层用耐火材料搪制。其他工具均自制。

铁犁铧呈三角形，犁底有銎可装在犁底上，犁面有安设泥芯撑留下的圆孔。铧长29厘米，上宽20厘米。犁镜弯曲而近似长方形，背面有三个半球形的凸起，其中两个有孔，用来固定犁镜。根据农耕的不同需要，石范还可铸造多种型式的铁犁。两牛耕地用大（平）犁，一牛耕地用小平犁，多用于平地和沙地。还有翘犁也是有大有小，用于山坡、陡坡地和烂泥田。

开炉时要选双日和吉日，先给太上老君叩头，请祖师爷保佑，献上鸡、酒和菜肴，还要烧黄纸并点三炷香。

第六章

拨 蜡 法

传统失蜡法俗称"拨蜡"、"捏蜡"、"剥蜡"。这三种称谓都指的是蜡模的成型方法。"拨"是用工具拨塑蜡料使之成型;"捏"是用手捏塑;"剥"是将蜡料擀成蜡片后,在木质模板上压制成型再焊接成模。这些蜡模成型方法及称谓均为中国所独有,凸显了东西方失蜡法蜡料制备、性能和蜡模制作的区别。从现有文献资料来看,西方失蜡法所用蜡模是用模具浇注成型(注蜡)再刮削雕凿成模的。而中国的蜡模自先秦时期起,就是用有良好塑性的精制蜡料经"拨"、"捏"、"剥"成型的,如楚王盏纽、许公宁蟠虺纹饰件、淅川铜禁和曾侯乙尊盘透空附件均可作佐证。

曾经有一些学者认为我国在商代已发明失蜡法,但长期失传,到近代才又从国外引进。这种看法包含着双重的错误。因为,迄今尚未发现商代有失蜡铸造的实例;与此同时,文献资料和实证研究表明,失蜡法自春秋时期起,一直为历代铸师所继承沿用,从未失传,并且到清代仍有发展,所谓的"失传"说是没有根据的[1]。

在传统冶铸业中,失蜡法和泥型铸造是最常使用的两种铸造工艺。以失蜡铸造著称的有北京、山西五台、内蒙古多伦、山东潍县、江苏苏州、四川成都、云南昆明和保山、青海湟中、西藏拉萨、广东佛山等地区。

北京的佛作以铸造佛像而得名,多聚集在安定门外的外观一带。据老艺人樊振铎称,清末光绪年间有涌和、涌泉、涌成、利生祥、恒利增等十余家铺号,从业人员百余人。佛作艺人杜春芳在1935年曾参与修理颐和园铜狮(图6-1)。20世纪30年代涌和、涌泉曾为蒙古铸造佛像,50年代中期,门殿普等师傅曾为印度铸造佛像500多尊,之后,这一行业逐步衰落,工匠相继转行。

1965年冬,中国科学院自然科学史所华觉明和王安才为研究传统失蜡法,经近三个月的辗转查访,在北京微电机厂找到已当勤杂工多年的门殿

---

[1] 华觉明:《中国古代金属技术》,大象出版社,1999年版。

图 6-1　颐和园铜狮

普师傅，通过他又寻访到林普玉和年已 78 岁的樊振铎师傅。随着门师傅于"文革"期间病逝，这一技艺在北京地区已告消亡。

据樊、门、林和北京铜器厂石醒非师傅称，佛像以山西五台所铸质量最好，北京的失蜡法由山西师傅传授。樊的师傅崔林阁是河北人，师爷是山西人。门和林的师傅都是山西潞安府人。石醒非的父亲石荣时年 97 岁，同治年间学徒，师傅也是山西人。一说北京的失蜡法是从山西牛村传来的。按侯马牛村以冶铸著称于世，著名的晋国春秋冶铸遗址即位于该地，其间的渊源和历史联系是耐人寻味的。

内蒙古多伦清末有裕和永、复和永、大成裕、兴隆瑞、庆圣德五家铸铜作坊，工匠大都来自山西、河北，所用失蜡法工艺和北京类同。山东潍县和江苏苏州素以仿铸古器著称，徐珂《清稗类钞》第 17 册称："潍县胥山人工铸印，用拨蜡法。"

苏州仿古铜器采用剥蜡法，花纹在梨木板上雕刻，再用蜡片压印，蜡料用黄蜡、松香和菜油配制。这一工艺在 20 世纪 70 年代仍在使用，现已

图 6-2 藏传佛像

中辍，但仍有传人存世。

四川成都和云南昆明、保山等地的传统失蜡法历史悠久。云南所用蜡料分捏蜡和水蜡两种，前者由蜂蜡六份和牛油四份配制，用于拨蜡法；后者以蜂蜡为主，加入 10% 的松香和少量植物油，用于剥蜡法。

青海湟中和西藏拉萨所用蜡料由蜂蜡、酥油配制，泥料中掺入牛毛，具有地区特点，工艺措施则和内地相仿。据著名铸师格桑朗吉称，藏区铸铜始自楚布·呷玛巴，他从父亲学艺，曾为罗布林卡铸造千佛像。除拉萨外，昌都、德格、山南等地也都有失蜡铸造（图6-2）。

广东佛山是明清时期的著名冶铸中心。老艺人唐煊自1929年起从事拨蜡铸造，以1932年铸成高3米的邓仲元铜像，50年代为广州越秀公园铸造铜鹤、铜蛙，之后又为雕塑家潘鹤翻铸《艰苦岁月》铜像而享有盛名。所用技法与《天工开物》所载近似，蜡料用牛油、松香和蜂蜡配制，若气温高可酌加川蜡。泥芯用河砂、土和稻草制作，敷以焦砂，外刷泥浆，阴干后贴蜡塑形。造型时，分三四次敷涂泥料。化蜡后，经高温熔烧，浇注成形。1979年，佛山球墨铸铁研究所传统工艺研究室聘请他为工艺师传授技艺，并成功地复制了曾侯乙编钟下层大甬钟一枚（图6-3）。

铜狮是拨蜡法铸造的代表作，门殿普、杜春芳和北京市手工业合作总社机械厂的关永清师傅都曾用此法做过高1米左右的铜狮，其工艺过程分述如下：

狮高1.2米，壁厚6～8毫米，重约140千克。底座用掰砂法铸成，约高0.4米。

图6-3 唐煊和他的作品 唐煊在制作编钟蜡模

1. 制芯

铜狮骨前由三根黄豆条铁丝扎成，铁丝端部砸扁镗锐后，固定在木板上，然后在上缠绕直径较小的黄米条铁丝，以利于泥料挂附（图6-4）。

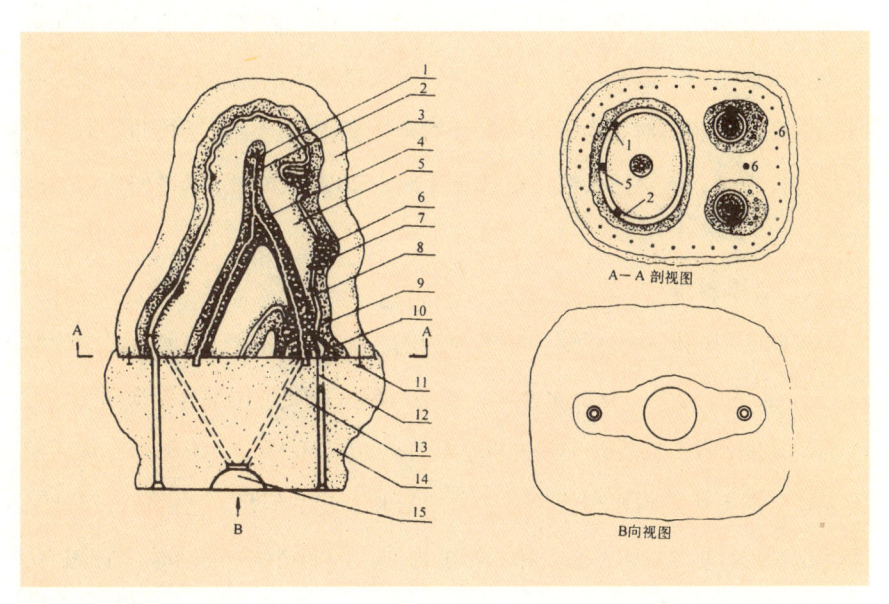

图6-4 铜狮制造工艺

铜狮泥芯用三层泥料组成，每层泥料的作用不同，组成也不尽相同。头茬泥须有较大的黏性和较高的强度，使之能紧附在芯骨上，形成坚固的支撑骨架。二茬泥基本上塑出泥芯形象。三茬泥用于修整和找补细部。

型芯除纸浆泥外，还可用马粪泥，由黏土、马粪加水拌匀制成。马粪需经晒干、搓碎和过筛。筛由马尾编成，约当现今的40～50目筛网。由于所用黏土常常是就地取材，含砂量、胶质度变动较大。所以，材料配比并无固定规范，多凭经验判断。二、三茬泥可用同一种泥料。配制时，一般先用温水泡开黏土，调匀成浆，然后渐次加入马粪，混合料的黏度随之改变，直至呈松散状态、不粘手即可供使用。头茬泥马粪要少一些，使略觉粘手，但以干后不发生裂纹为度。头茬泥干后才能上二、三茬泥，防止泥芯在自重下与芯骨脱离并塌落。

型芯内加入马粪等有机物质，能改善泥料性能，降低其黏性和收缩率，避免在干燥和烘烤过程中开裂，烘烤后，形成众多孔穴，使泥芯具有良好的透气性。铜狮泥芯因和铸型的上半部相接，气体能通过铸型逸出，不一定要特地做出通气孔道。对于全被金属液所包围的泥芯，可用蜡或其他可燃物质做成"肠"通至型外。用马粪作羼入料做成的泥芯有很好强度，有时特别在铸件较薄时，为了防止浇铸后金属凝固受阻、所受拉伸应力过大而将铸件拉裂，还要加入按体积计算大约占20%的炭末，以增加型芯的退让性。

2. 蜡模制作

配制蜡料的原材料是蜡、松香和油脂。无论动物蜡（蜂蜡）或矿物蜡（石蜡）都是烷烃类的有机化合物，熔点为65～80℃。如果含杂质过多，需经炼制才能使用。松香是热硬性树脂，熔点80～100℃，由于加热冷却后发脆变硬，能提高蜡料机械强度，防止变形和蠕变。但是，它的加入降低了蜡料塑性，因此须加入豆油、麻油等植物油作为润滑剂。配制时，将蜡和松香加热至液态，倒入植物油搅匀，冷凝成块，然后反复加以拉拔。由固体分散相和液体分散介质组成的多相系统的可塑体，其可塑性在成分一定时决定于固体、液体的弥散度及分布的均匀性。通过机械的拉拔作用，固态的蜡和松香与液态的油脂充分混合，色泽逐渐由深黄变成淡黄，成为塑性极好的蜡料。蜡料配比由蜡模尺度、形制、气温决定，蜡与松香的比例通常在5：5～7：3的范围内变动，油适量。

制作蜡模时，将蜡料擀成与铸件壁厚相当的蜡片，贴附在泥芯上。由于其软化温度很低，在体温下稍加压力即能变形。所以蜡模各部和蜡片接缝处都可以手捏成型并修整，这就是"捏蜡"一词的由来。各个细部如铜佛的五官、衣纹等，用称为"压子"的紫檀木或红木做成的拨塑工具拨出（图6-5）。这些"压子"形状各不相同，或用于粗细线条的形成，或用来拨出细部，根据拨塑者的需要而灵活使用。这一工序是铸件形象是否生动、

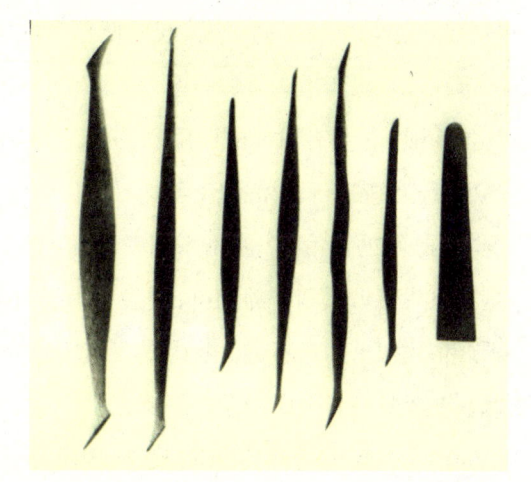

图6-5 拨蜡工具

完好的关键所在，全凭操作者的技艺而定。铜作、佛作艺人通常兼事拨蜡铸造的全过程，他们是雕塑家兼铸师，经过多年实践练就出色的技艺，所用口诀如"行七、坐五、盘三半"等是和塑作一致的[1]。附饰则先用手捏出大体形状，粘上后再予加工。

芯撑习称"支钉"，它的数量根据实际需要而定，以能支住型芯、不致发生位移为度。过多过密不但要增加浇注后的加工量，由于它起着类似"冷铁"的作用，对铸件质量会有一定影响。芯撑位置多选择素面的突出部分。

---

[1]指像时以头部尺寸为基数的人体各部分比例。如为立像，通高与头部之比约为7:1, 坐像和盘腿像分别为5:1和3.5:1。

大、中型铸件用两端锐利的铁芯撑，浇注后径打入芯内，再镶补铜块。

3．制型、出蜡和焙烧

大、中型的铸型和型芯一样，都由不同材料分层制作。构成铸型内层的泥料至关重要，除须与型芯同样具有良好的透气性和避免产生裂纹外，还要有良好的涂挂性能。常用的有马粪泥和纸浆泥（俗称"纸毛子泥"）两种。马粪泥的配制如前所述，在选料、配料时，比芯料要更加细致讲究些。纸浆泥是用经高温灼烧的煤灰和黏土的混合物，主要成分是二氧化硅、三氧化二铝，加纸浆水调而成。从胶凝化学性能看，属于水硬化混合材料。炉灰末经过高温作用，热膨胀率大大降低，有很好的高温稳定性，对于防止铸型变形、开裂有重要的作用，强度、透气性也很好。纸浆是用加连纸（或高丽纸）经破碎后浸泡和反复捣打，使纤维质高度分离成为浆状，再掺入泥料内。它的作用，一是维系和联结混合料，抵制其收缩、拉裂的倾向，二是在烘烤后形成稠密的孔道，使型的内层有很好的透气性。纸浆的制备，要求严格，如果捣打不透，浆中残存结块或混料时不均匀，易产生缺陷。因此，在泥料用量大时常采用马粪泥。

内层泥料呈稠粥状，既利于涂挂，又不易流失。上泥时，用压子或刮刀在外按捺，在蜡模细部或铸件的空隙处尤要注意塞实，不使气泡、空洞存在。铜狮面料约厚15～20毫米，可分层涂挂，边上泥，边遍贴碎砖片，以防止泥料塌落并促其干燥。若用废范块敷贴，由于孔隙度大，吸水率高，效果更好。

外层泥料也就是铸型的背料，习称"糙泥"，由黏土和马粪、麻刀组成，所含黏土比例较内层泥料略高，待铸型在烘烤后仍有较大强度，"不发酥"。面料稍干后，就可以敷背料，由于背料很厚，强度又大，能更好防止铸型表层生成裂纹。

铜狮制型工艺较小型铸件更复杂。在下半型做好后，待泥稍干，取去木板，翻转半型，按图6-4所示位置安放浇口棒，做出冒口，其直径约为50～

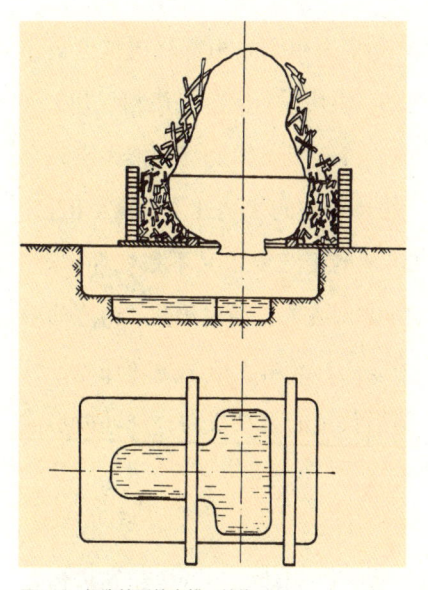

图6-6 铜狮铸型的出蜡、焙烧

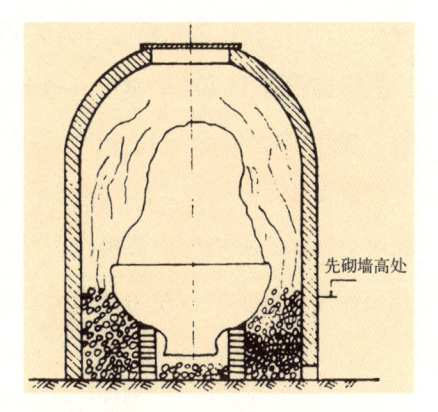

图6-7 铜狮铸型的出蜡、焙烧

70毫米。铸型分型面上插一圈铁钉，连接上、下两个半型不致脱开。上半型全用"糙泥"，下端略裹住下型。待做出浇口杯（高约160毫米，直径约250毫米），拔出木棒，稍事修补，铸型即告完成。

铸型阴干后加热化蜡，如图6-6所示，先在地上挖坑，槽中注水，以备存蜡。将铸型倒置铁条上，四周砌高约700毫米，先填入碎木柴，烧热浇口杯，再架上长木柴，使型由下而上渐次受热，蜡遂顺次熔化流出，滴落坑内。无论铸型大小，都要注意这个加热顺序，否则蜡流不畅，势必更多渗入型中，影响铸型质量。甚至在内沸腾，使型遭到破坏。蜡料一般可回收50%～60%。

铸型是在窑内熔烧的。如图6-7所示，用砖将铸型垫起约400毫米，周围先砌墙高700毫米。点火后，加入木炭或煤使燃，燃后边加煤炭至图示高度，约当铸型的三分之一处，边砌砖，窑顶留出圆孔，直径约600～700毫米。上覆铁板，窑的底部做出三个高约100毫米、长约80毫米的火眼，供通风和窥视用。

铸型焙烧质量取决于温度的控制。早先多采用荆条根部烧成疙瘩炭作燃料，取其火力温和、持久，也有用煤块的。烘烤时，待窑底燃料已燃，火苗上腾，即将火眼堵住部分，使缓慢升温。待铸型通体烧红，把火眼完全封住，约1小时，再扎出少许通风孔，使保持一定的燃烧速度，直至出窑。这些措施保证了必要的窑温，达到焙烧铸型的工艺要求又不致烧坏铸型。整个烘烤过程约需8～12小时，顶温估计800℃左右。经过焙烧，铸型的强度、耐火性、高温稳定性和透气性均大为提高，又由于铸型是在还原性气氛中加热的，有机物质被炭化，保存了相当数量的微细炭粒，浇注时形成还原性气体保护层，使铸件表面质量良好。

4. 熔化、浇注与铸件加工

和现代熔模铸造一样，为使金属液能很好地充填铸型，传统熔模铸造也是趁热浇注的，浇注时铸型内部温度估计仍在200℃以上。

为了保证铸造在一定预热温度下浇注（如时间间隔过长，铸型在坑内将急剧降温，并且还会吸收水分，以致严重影响铸件质量），熔化浇注必须和铸型焙烧、出窑紧密配合。这时，现场成员是很多的，铜狮浇注时，工地有工人近三十名，各项工序必须有良好的组织和配合。

传统铸造业制作艺术铸件多选用铜锌合金（黄铜）。锌能降低熔点，增加金属液的流动性，提高其抗拉强度，在熔化时，锌的蒸气压力高，有利于除气，铸造性能和加工性能都较好。而含锡的青铜只在个别场合或仿制古铜器时采用。

铜锌合金又分熟铜和生铜。生铜含杂质多，性脆，加工时易崩裂成坑。但由于价廉，铸造性能也好，所以用得较多。

铸造铜狮所用熔化设施如图6-8所示，地坑深约500毫米，上置炉条若干根，四周砌墙。砂罐即通常所用黏土质熔铜坩埚排成两行，埋置木炭内。坑的两端各用长方形木制风箱一具鼓风。铜料分两批加入，全部化开后用碱土造渣，稍加搅拌以去除杂质，均匀成分，并借以覆盖表面，防止金属

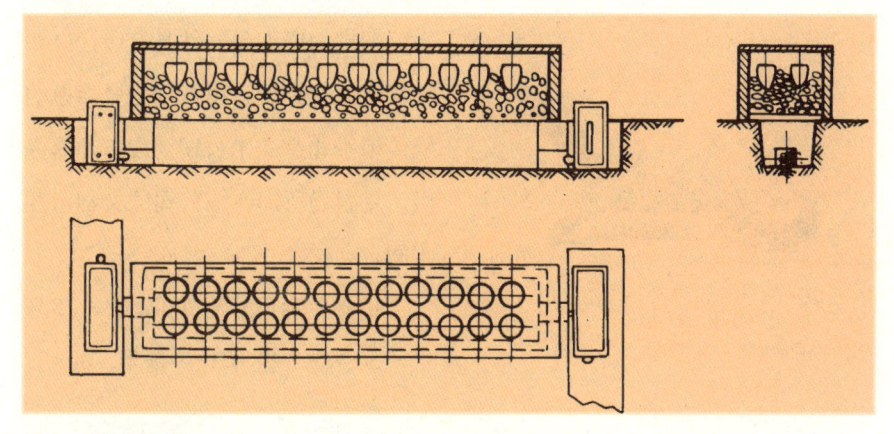

图6-8 坩埚熔铜设施

在高温下剧烈氧化。然后，继续升温至铜液亮若镜面（约1050~1150℃），即可扒去渣滓供浇注用。整个熔化过程约需2小时。

大、中型铸件所用浇包习称"抬盆"，外壳铁制，直径约700毫米，两侧穿梁，内搪火泥。使用前要烘干，烤透，以去除水分挥发物和预热。浇注时须注意挡渣，不断流。浇注速度要适当慢一些，以利于铸件方向性凝固。

铜狮浇铸后须冷却6~8小时，才能打开铸型。由于造型材料中含有大量有机物质又经高温焙烧，稍加捶击，型和芯就碎裂、脱落。铸件表面比较光洁，很少有粘砂现象。经金属液的高温烘烤，铸型表层厚约1毫米灼烧成灰色，和出土铸范类似。铸件经清理，去除浇口、冒口、出气孔和芯撑后，还要用锤、錾进行表面加工。这是一件十分细致费时的工作。因为传统拨蜡法所得坯件虽比较光洁，但和成品仍有相当距离，并非像有些人所设想的一铸即得。毛坯只铸出形象和花纹，铸件的艺术形象在相当程度上要靠表面加工的精錾细剔来得到。表面许多划痕需用磨炭磨光，然后着色或鎏金，整个过程至此方告完成。

以上所述铜狮属于中型铸件，小型铸件的做法与之稍有不同。1965年秋冬，中国科学院自然科学史所请门殿普师傅用拨蜡法复制了一件铜佛，华觉明和王安才参与了工艺制作的全过程，做了详细的记录和分析检测。

图6-9 铜佛泥芯

铜佛的原型是一件具有唐代风格的自在观音铜佛，由古铜张张泰恩的嫡传弟子北京美术公司刘俊声师傅提供，复制场所即在该公司的文物修复车间。

铜佛轮廓尺寸为200毫米×75毫米×50毫米，壁厚3~4毫米，重1.72公斤。

铜佛泥芯由纸浆泥制作，内安粗铁丝作为芯骨（图6-9）。纸浆泥的配比为纸浆35%强，黏土34%，炉灰末10%，水21%弱，经测定，其干拉强度为22公斤/厘米^2，剪切强度为10公斤/厘米^2。由于纸浆中纸与水的比重约为1:39，所以纸在泥料中只占1%弱，水的实际含量达55%。黏土采用北京本地所产黄胶泥，泥块呈淡赭色，断口可见分布有细小孔洞，颗粒细，含砂少，黏性大。经化验，这种黏土含SiO_2 52.74%，Al_2O_3 16.05%，Fe_2O_3 6.29%，灼烧损失11.08%，耐火度约1200℃~1300℃，属于易熔性普通黏土。

图6-10 拨蜡

图 6-11 铜佛蜡模

　　铜佛蜡料配比为石蜡 63%，松香 31.5%，豆油 5.5%，图 6-10、图 6-11 为门殿普师傅拨塑蜡模的场景和蜡模。浇注口用蜡做出，与蜡像焊接，化蜡后成为浇口和排气孔道。为防止泥砂杂物落入铸型，还在佛像头部安蜡条，化蜡后形成吹气孔，浇注前可将杂物吹出然后堵住。蜡模做成后，于适当部位楔入芯撑。芯撑用一端捶扁并磨锐的铜条制成，长度约为壁厚的 2~3 倍（图 6-12），铸后予以清理。图 6-13、图 6-14、图 6-

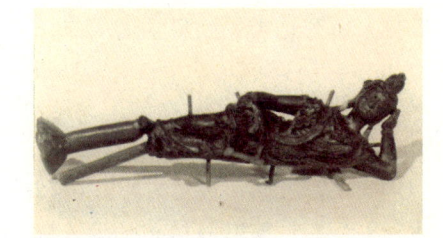

图 6-12　配上浇冒口和芯撑的蜡模

图 6-13　铜佛铸型的剖视，注意泥料中的纸纤维

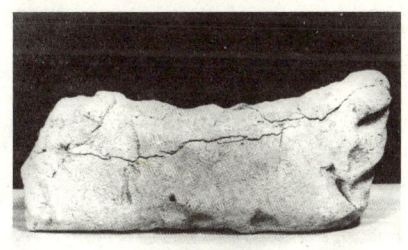

图 6-14　焙烧后的铜佛铸型

图 6-15　出型后的铜佛坯件

15为铜佛铸型和铜佛出型时的形象,作为坯件,它带有较多飞边和毛刺,经通体剔凿、去除瑕疵,复对脸部、发纹、飘带、附饰作精细加工及抛光后(图6-16),再做着色处理。这种习称"戗黄"的着色方法是时居弓字胡同的郑广和师傅的祖传手艺,据说是用三味中药煎成汤汁后将铜件放入煮成,制作时秘不示人。铜佛经着色后,呈美丽的金黄色(图6-17),表层似附有胶质,可长久保存,其色泽和质感较电镀金为胜。1965年时,北京地区能掌握这种着色技艺的师傅已寥寥无几,目前则湮没无闻。

据近期查访和调查,传统拨蜡法和剥蜡法在广东佛山、云南德钦和江苏苏州尚有个别传人,有的已久违此道,有的虽仍从艺,但已掺用现代原材料和工艺,完全按传统技艺铸作的器件为数极少。

古代西方和东方都广泛使用失蜡法铸造人像和器皿等艺术铸件,但其当代命运则大相径庭。中国的拨蜡法始终停留在中世纪的手工业生产方式,和现代工业及科学技术完全隔绝。传统冶铸业的工匠大都是文盲和半文盲,繁重的劳动和经济剥削剥夺了他们学习文化和接触科学知识的可能。而科技界、教育界既从来不知道这一珍贵技艺的存在,客观上也没有那种社会需要和社会条件,来促使和允许人们去挖掘、研究这类民族科学遗产并将之引用于现代工业生产。

欧洲和美国的情况则有所不同。随着大机器生产的发展,传统失蜡法在20世纪初即引起欧洲科技界的注意,1918年曾用此法铸造齿轮。1929年,德国人最先用现代技术改造这一传统工艺,创造了以硅酸乙脂为涂料的新工艺,可用于熔点高达1570℃的铬钴钨合金。二战期间,由于研制喷气式飞机的紧迫需要,美国大力研究用失蜡法铸造涡轮叶片获得成功。据说,创制者奥斯汀原为陈纳德飞虎队的地勤人员,驻扎在云南保山时曾受到当地传统拨蜡法工艺的启发。1955年,奥斯汀实验室曾提出首创失蜡法的申请。日本学者鹿取一男据中国和日本使用失蜡法的史实提出异议,取得了胜诉。由于失蜡法的巨大优越性和潜在能力,二战后迅速发展成为高

图 6-16　铜佛的铸后加工

图 6-17　作色后的铜佛

第六章　拨蜡法

图6-18 现代精密铸造的铸型

度机械化、自动化的精密铸造行业,广泛用于飞机、汽车、船舶、机械、仪器、电器、武器及日用品制造,短短十年间便遍及全球(图6-18)。我国所用的精密铸造技术最初是从苏联、后来又从美国引进的。显然,传统失蜡法在东西方的这种不同遭遇,并非出自技术原因而是由社会因素所决定的[1]。抚今忆昔,我们可以从这一事例中获得深刻的启示和教训。自2007年春起,中国传统工艺研究会和杭州俊华雕塑公司合作以传统失蜡法复制先秦

---

[1] 华觉明:《中国古代金属技术》,大象出版社,1999年版。

失蜡铸件,并拟通过复制、仿制和创制再现拨蜡、捏蜡、剥蜡技艺,在保护老一代艺人的同时,培养有较高文化程度的新一代传人,期望这一珍贵技艺能在新的历史条件下传承发扬。这样的尝试如能得到成功,将为具有重大历史价值和学术价值、濒临失传的传统工艺的保护、振兴提供有益的经验。

附录　云南德钦藏族传统熔模铸造调查

迪庆藏族自治州德钦县位于云南与西藏接壤的梅里雪山脚下,县城里有一家作坊铸造藏族民间铜银制品。2001年8月和2005年5月,笔者来到德钦考察了这里保留的以羊油为熔模材料的传统熔模铸造法。

一、艺人及从艺经历

德钦县金属制品作坊的传承人名叫扎西,藏族,1964年生于本地,1999年获云南民族民间美术工艺师称号,2005年荣获中国工艺美术大师称号。

2001年笔者首次调查时,他家的作坊有15个工人,2006年调查时,已增加到25人,都是藏族,大多数有亲戚关系。工人有做石膏范的,有做蜡模的,有做修饰工作的,有做炉工的,但每个人对所有工艺流程都要有所掌握。据称,学会全部工序最少需要8年时间。有些工艺很难学,比如制作佛像的眼睛,怎样弯,怎样才好看,需要长期摸索才行。

扎西说,他家世居德钦羊拉乡,一直做金属工艺,至今已有14代传人。他家的绝技是鎏金和铜雕,所制鎏金产品可百年不变色,采用的是火鎏金技术。

扎西告诉我们,他家的技术主要是从印度学来的,但也有祖传手艺。他13岁从父亲学手艺,父亲的师傅是大伯。大伯的专长是做刀和首饰,曾把扎西送到西藏学习藏文化。1993年扎西到昆明冶金工校学习，以后又到上海、苏州学习铸造，经费都由国家民委支持。考察时可看到他家作坊技术多样，来源是很复杂的。

扎西用熔模铸造各种铜器。从他开始，由于不断学习和引进现代工艺，技术在不断演变，不再是纯粹的藏族风格。1988年以前主要用传统的羊油、松香和蜂蜡做熔模。1988年开始用蜡模。用石膏作模是1993年从昆明斑铜厂学来的。现在已用上先进的制模材料——硅胶。

二、传统的熔模铸造法

扎西家传统的方法是用羊油为熔模材料，这是当地藏族的传统手工技艺。羊拉乡出产铜矿，扎西说，熔铜的时候，用红松炭比较好。

熔模铸造制范，可用高岭土、长石土、白泥、耐火泥（以SiO_2和Al_2O_3为主）、紫泥、黄泥、磁泥等。磁泥和黄泥可塑性较好，耐火度差；白泥、紫泥可塑性、耐火度、强度均适中。其中磁泥外表灰黑，可塑性大，耐火度约1380℃~1480℃，藏族传统用的范泥以磁泥为最佳。

1．制模：先在炉中炼羊油，约10分钟，炼化，再冷却（图6-19）。用羊油、松香和蜂蜡配伍做模，模的形状用手慢慢地捏成，完全是凭经验操作。然后用自制的洗涤剂，把羊油模子清洗一道。做出后，要放置2~3天，使其干燥（图6-20）。

2．制范：用牛粪加白耐火泥作范（俗称"包子"），也可把石英砂、青稞壳、炭灰和小麦壳混起来，作为范料，用手工拌好泥料（面、背料），用湿麻袋或湿羊皮盖1~2天，使材料渗透均匀，然后涂在模上。一般要涂4~5道，涂第一层时最为重要，直接影响到铸件的质量。大件要涂厚些，小件可稍薄一些，涂泥时，要预留两个眼作为浇注时通气孔之用。

3．干燥：这一步骤影响铸型质量，应缓慢干燥再烘干。阴干需要1~2天，因黏土易裂，转角处要插上钉子，锈钉效果更佳，以增加范的强度。

图6-19 熔融羊油

图6-20 熔模，左：蜡模；右，羊油模

4. 出蜡：用松明子（松树的树脂）点上火，烘烤泥范就可把蜡料熔化和流出。操作时要在范的眼孔一边加热，另一边的眼孔出蜡。

5. 焙烧：用柴火、炭火把范烘烤，时间约3~4小时，到范的外表有些发白为止。焙烧后，还要修补铸范，上涂料，再把泥面烘干。

6. 浇注：铜在炉中熔化后，慢慢浇入包子，倒满为止。冷却后，打碎泥范，就可取出铜坯。浇注时泥范须保持在60~100℃左右，冷至室温就会吸水、吸气，易出废品。

7. 修饰：用工具对毛刺打磨，再进行表面处理，入火镀金，即得到成品。火镀金的方法是把金粉和水银混在一起，制成金汞剂。擦洗器物表面后，把金汞剂和骡粪混合，用毛刷均匀涂在器表，经烘烤使水银蒸发，金就留在表层，再经抛光处理即可。这种火镀金方法是扎西家的祖传绝技。

考察中，亲见扎西在炉中把羊油炼化，做成羊油模子。据他说，羊油模比蜡模更好、更光洁，但价格较贵。

三、工具

扎西作坊常用的工具有钳子、羊皮风囊、铁墩桩、铁臂、套头、穿孔凿子、雕刀、锉刀、拉丝板、模具、铆钉安装器、刮刀、焊枪、吹火管、坩埚等，多数是传统工具，也有一些如焊枪是近年购置的现代工具。

其中，具有藏文化特点的是羊皮风囊，这是过去藏族民间常见的冶铸用具，目前扎西作坊已不再使用，但我们在昌都曾幸得一见，操作时需两手并用，十分费力。

套头是藏族的打铜工具，铁质，常用于打制佛像的脸部、手部。每个铜匠都备有数个套头，大小不一，约10~20厘米不等。

四、产品

扎西作坊生产的铜器有马鹿、小佛像、牦牛、太子雪山图案等，都是藏族人民喜爱的东西。还有的是宗教用品，如藏经幢是为佛寺制作的。以前销售只限于藏区，如中甸、甘孜、拉萨等地，现在有所扩大，向旅游品发展，已销往丽江、大理、昆明直至上海等地。年产值于2005年达到168万元，总的来说是逐年增加的。

在扎西的产品中，藏族民间用的小铜佛像较多，往往要在表面鎏金，采用的是传统火镀金技术，但由于有汞污染，对操作工人的健康有影响，现已很少采用。

扎西作坊另一有长期技术传承的产品是响铜器。响铜的主要成分是铜，配以锡、银、铅，铅占 0.5%，其他金属元素含量视情况而定。响铜的铜料要求较高，羊拉露天铜矿很多，往往是自己到山上挖铜矿，冶炼时要加牛粪，以加快铜液出炉。第一次炼出的铜有很多杂质，较脆，要再精炼一次，配上其他金属。响铜声音清脆悠远，常制成马铃铛等小型器物，适于在滇藏茶马古道上跋山涉水的藏族和纳西族马帮使用。

五、技术特征

这种熔模铸造的工艺特征为手捏制模，不用模具，捏制的器物，外形各不相同。

中国的传统熔模法铸造历史悠久。云南在古滇国时期也采用熔模铸造，据调查，近代曾采用白蜡作为熔模材料。藏族民间采用羊油作为熔模材料是很重要的一个特点。德钦藏区山羊很多，羊油原料丰富。德钦属高寒地区，在低温下，羊油呈固体状态，可用作熔模。扎西对羊油的评价是光洁度高，价格较贵，但特别好用。

第七章

收抛活和藏族锻铜技艺

传统的锻铜工艺俗称收抛活，这一传统技艺迄今仍存在于许多地区，其中尤以藏区的技艺水平最为杰出，以下作一分述。

一、收抛活

温廷宽先生于20世纪50年代对北京地区的收抛活作了实地考察[①]，本节即征引他的论述：

据景德全老师傅口述，中国传统的收抛活在清乾隆年间就已经较普遍地使用。它无疑是中国古代锤锻铜器的进一步发展。收抛活既有延展也有收缩，主要是为制作佛像也兼作门窗铜件饰物，凸起和凹下的地方自然要比"撩活"器物复杂细致。

明清两代收抛活遗存不多，典型的作品是北京雍和宫的大型铜像和故宫博物院的门窗铜质饰件。

华北军区烈士陵园纪念铜像中的主像，有铜质"八一"军旗一面，高约6.5米。原打算用铸铜，后考虑到用铜太多，铸件过重，安装于台座上，很不稳固。于是请景德全老师傅等用铜板照泥塑样式把旗捶出，效果很好。下面试以人的头像为例，介绍其原料、工具、装备和制作工序：

（一）原材料、工具和设备

红铜板　厚薄可根据作品大小和要求，如捶原大的头像要一毫米半的厚度，可用二毫米厚的铜板。

焊药　做圆雕作品要分块捶出和接焊。焊剂可自制，用铜、锌各半共熔于坩埚，倾入细砂堆中冷凝后成碎碴，再用锤捣碎如小米粒大。将铜锌

---

① 温廷宽：《几种有关金属工艺的传统技术》，《文物参考资料》，1958年9～12期。

合金小粒淘净，掺入25%硼砂粉，即成焊药。

铁棍砧　用方铁棍锻成一头粗一头细，两头弯折，顶上磨平。另备树杈一段，在相交点穿一斜方洞，洞径比铁棍略粗，作为铁棍支架。用时将铁棍穿入树杈洞斜支于地面，作为捶打铜板的铁砧。铁棍两头一大一小，可根据需要倒换使用。

方铁砧　捶打铜板时垫在下面用，可插入地下或木板架上。

细砂袋　白布袋内装细砂，捶打铜型细部垫于下面。

制胶　用松香、白土子、植物油（质量比为4∶9∶1）加热熔解混合，冷凝备用。用时加热使其变软，填入铜型内作为錾打衬垫物。

扒锤　一头扁方、一头尖圆之钢锤。

抛锤　两头圆平的铁锤。

各式錾子　有尖头、圆头、扁头等多种（图7-1）。

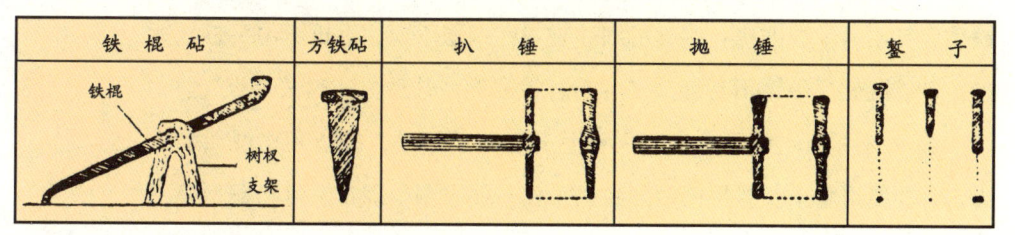

图7-1　工具

（二）制作工序

1．剪出铜板，錾出图样痕迹。

2．加热和捶打

退火和捶打须反复进行，属于冷锻。铜板未经捶打称作"生坯"，錾出图样后，要先加热退火以增加铜的延展性能，叫做"熟坯"。"熟坯"被捶打变脆，经退火才能再捶。做一件收抛活要经多次退火，温度一般在500℃左右，离火冷却，即可再捶。

捶打是收抛活最重要的技术，基本方法可分为五种：

抛　捶打铜板使其延展，多用在大块凸起的地方，如头像的鼻、眉、颧骨、下颏等处。抛的方法是将铜板置于方铁砧上，用抛锤在背面捶打，使铜板延展凸起。打时主要靠震力，称作"虚打"。

借　铜板某一部分（如鼻部）需要较高的凸起，本部位的铜不够延展所需，就要把四周的铜压挤推移到这里，才能再抛，这种方法叫"借"。可将借处实垫在铁棍砧上，用扒锤的扁头捶打，边打边用手移动铜板，最后使周围的一部分铜都借到抛处来，借处不要求凸起，所以不必虚打，但也不可打得太重，否则会打得太薄，易破裂。

收　就是使铜板四周向后面收拢（和抛相反）。如额顶、颊部、下巴等处，均需向后收回。收也是使用扒锤在铁棍砧上虚打，打时要使铜板不停转动，要反复数次才能收拢。

点　如铜板凸起面积较小（如鼻尖）或是较锐的棱角（如鬓边），用铁砧虚打不易掌握准确，就改用细砂袋垫在铜型下面，用扒锤尖头轻轻捶打。砂袋既软又硬，不易移动，容易打得准确，这种方法叫做"点"。

錾　铜板打成铜型但表面不够整齐、凹凸不平，抛锤和扒锤无能为力，需要使用錾子。錾是精确细致的工作，要求铜型固定。衬垫铜型既不能使用铁砧又不能使用砂袋，必须用烤软的特制胶以手指紧按充填在铜型背面，然后用锤击錾子在铜型表面细致敲打，使造型规矩整齐，显出细部。以上均见图 7-2。

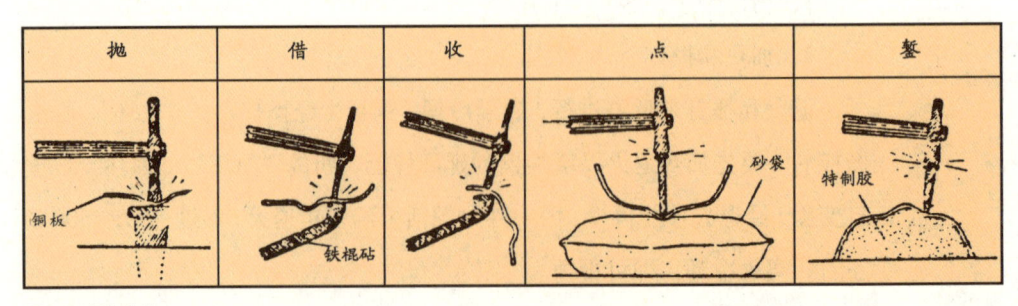

图 7-2　捶打方法

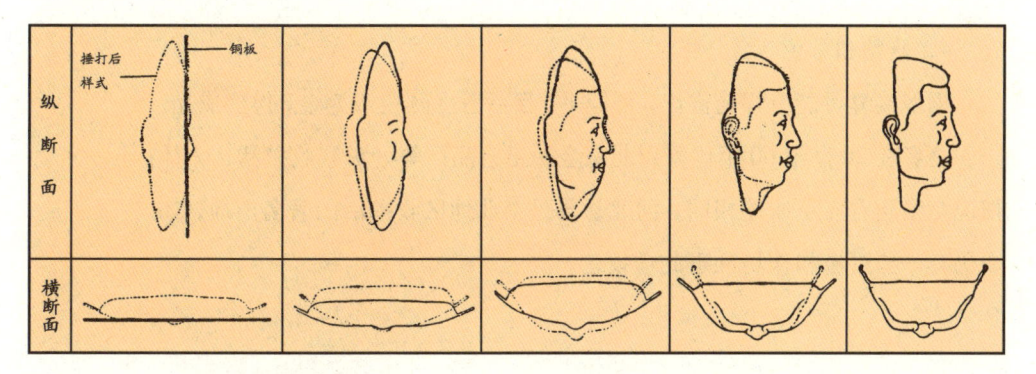

图 7-3 头型前半片捶打工序

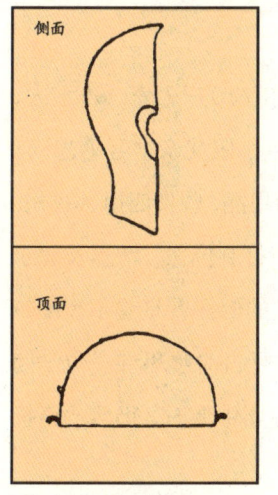

图 7-4 头型后半片

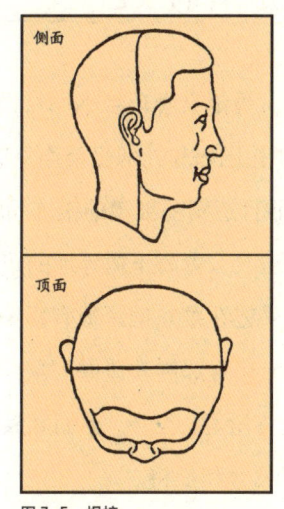

图 7-5 焊接

捶打铜型须抛、借、收三者结合，最后才进行点、錾。捶打头型前半片的工序见图 7-3，后半片头型见图 7-4。

3. 锉边、拼对和焊接

收抛活做圆雕一般需用两块或两块以上的铜板拼对，所以需要焊接。焊接之前，先将两块铜型边缘用锉磨平，然后用铁丝捆牢。以小勺铲起焊药撒在铜型背里接缝处，火烤使硼砂化为粘接焊药，再撒再烤，直到焊药粘满接缝处，就可把铜型放在火上加热，铜锌合金小粒即熔化渗入接缝处将铜型焊牢（图 7-5）。

4. 修整和着色

铜型接缝可能有焊药渗出，可锉平，然后着上颜色或鎏金，得到成品。

笔者在20世纪60年代曾到北京金属工艺品厂等处考察收抛活，大体情况与温廷宽先生所述相同。河北易县是华北地区收抛活的著名产地，如今仍有一些厂家和作坊从事此项技艺。

二、西藏康区锻铜技艺

雍中扎巴，44岁，昌都县嘎玛乡纳耶村人。该村有10户人家，90多人，其中有6户铜匠。雍中扎巴和翁扎两兄弟均是铜匠，从小跟父亲学习手艺，以锻造铜佛像为主，也能打造精巧细微的银饰品和生活用品，曾到四川甘孜州、阿坝州、石渠县、白玉县、青海玉树等地的藏传寺庙打制佛像、法器及建筑饰品。其祖上的锻造手艺在藏东地区很有影响，打制的佛像曾享受不需喇嘛加持开光的特权。家传有两部佛教造像度量经，据说是古时嘎玛寺一位学问高深的大活佛仁钦达吉所写。至今，他们家族打制寺庙佛像时，仍然严格按照古法度量精确计算尺寸和操持。

雍中扎巴和翁扎带有6个徒弟，都是附近村子的年轻人，需要三至五年才可出师。出师后的学徒仍要在实践中进一步提高手艺，有的继续留在师傅家参与打制佛像，同时可得到师傅的指点；另有一些学徒满师后，离开师傅到社会上闯荡，受聘于其他的铜匠靠打工谋生。这些学徒在工作中磨炼提高，随着年龄增长，修养和手艺得到长进，会从中产生出一些优秀人才，或自立门户，或受聘到寺庙中维修金属器皿和古代文物，或接受寺庙打制大型佛像的订单，逐步扩大影响力，在行业中站稳脚跟。藏族金属工艺的传承，最普遍的仍然是子承父业或是有亲戚关系的学徒。他们相对地更容易获得手工技艺的真传。儿子们在手工艺家族环境中，每天都面对着父辈们的劳作过程，耳濡目染，在专业方面比别人开智得更早，理解得更深，成长过程所处环境是得天独厚的。雍中扎巴和翁扎有三个儿子一个女儿。大儿子丹增罗布25岁，小学毕业后跟父亲学手艺，从艺10年。二儿子吉绕罗布20岁，也是小学毕业后跟父亲学手艺，从艺5年。三儿子柴让多顶15岁，小学毕业，学徒一年。另外还带了一个徒弟名叫尼西曲本，19岁，学艺3年，是有亲戚关系的约巴乡人。这就是雍中扎巴家族金属工艺的从业人员——以家族成员为主，家族成员以外的学徒为辅。这样形成的一个对外严密、对内宽松的技术演练传授空间，既能全面地将技术传给后辈，又能完成来自寺庙的订单。对学徒来说，一方面跟着父辈学习手艺的基本功，另一方面观察父辈们与外界是怎样打交道的，学会处理信息，把握机会，逐步走向成熟。

雍中扎巴家族现正为那曲的寺庙打制佛像，其造型特征应属嘎玛派，佛像的坐姿均不同，手印也不一样，但都戴着镶黄金边的立檐僧帽——这种僧帽据说是元朝皇上所赠，为藏东地区白教所专有，与黄教、花教的帽饰不同。嘎玛乡的铜匠们打制的本地区白教佛像均是戴着这种帽饰的。由于前些年嘎玛寺被大火烧过，主佛堂几乎化为灰烬，里面的早期塑像大都为泥塑，被火灾破坏极为严重。该地区的铜匠每家每户都义务承担了一定量的打铜工程，力量大的家族打制铜佛像，力量小的家族打制金属配件。雍中扎巴家打制嘎玛巴像，高约3米（图7-6）。嘎玛巴是嘎玛寺的创始人，传承至今已是第十七世了。嘎玛巴的像都戴着镶黄金边的立檐僧帽，打制材料由寺庙提供，制作人工由铜匠义务承担。

嘎玛巴在藏东地区具有十分崇高的地位。他既是藏传佛教支系白教的创始人，也是著名寺庙嘎玛寺的创建人。嘎玛巴是嘎玛噶举派的活佛，该教派于公元12世纪中叶形成，是塔波拉杰（1097~1153）及弟子都松钦巴所传的噶举派的一个支系。都松钦巴于1147年在康区的嘎玛乡创建嘎玛丹萨寺也称嘎玛寺，1189年又在前藏堆龙德庆县建立楚布寺，形成噶举派上下两寺。

图7-6 大铜像

都松钦巴再传弟子嘎玛拔希10岁时被认定为都松钦巴转世,从此在藏传佛教中首创了活佛转世制度。

雍中扎巴家打制的嘎玛巴铜像的"更托",与释迦牟尼的"更托"相同。"更托"是佛像背光的藏语。雍中扎巴认为嘎玛巴、释迦牟尼、宗喀巴和观世音的背光内容都是一样的,可见嘎玛巴在康区人眼中的地位非常崇高。背光的装饰物有六种神物,他们对此有着朴实的理解。雍中扎巴认为六神物中的"佳琼"(共命鸟)被放置在背光顶部,是因为它比所有的鸟都飞得高,用来象征佛法与天齐高。在藏族人的眼里,日、月、星是最为神圣的吉祥符号,在"佳琼"的头上装饰日、月、星,说明佛祖和他的佛法如同日、月、星一样神圣。"森更"是狮子,藏人认为"森更"是百兽之王,象征佛法与其他宗教相比至高无上的地位。"朗佈提"是大白象，力大无穷，象征佛法无边。"秋些"是摩羯，代表对佛所具有的坚定信念。雍中扎西说，秋些咬住东西是不会松口的。"吕波莫"是龙女，上身为人身，下身为蛇身，经常在头上装饰七条蛇，在背光中象征殷实富足。"布琼"是一个小男孩骑在鹿背上——鹿是非常善良的，鹿的善良与佛祖的善良具有一致性，而小孩的本性也是善良的——以此来象征佛的善良。这些就是一个普通的藏族铜匠对传统文化的认识，对自己工作性质的认识。有了这些认识，铜匠们每天的劳作与宗教信仰相关联，同时也与情感相关联，由此构成了藏族铜匠工作的独特性。应该说这样的工作虽然与经济相关，与生活相关，但从宗教层面和情感层面来看，它超越了一般性的经济活动，不是一般的工作行为，而是一种充满智慧的创造性的活动。这与汉族工匠、白族工匠将打制佛像作为经济行为是有本质区别的。宗教认识上升为宗教情感贯穿在整个佛像的打制过程中，对藏族工匠来说是自然而然的。

雍中扎巴家打制佛像的实际度量法是十分严格的，以一件高2米的铜佛为例：

（1）将2米分成8份，得到第一个基数：25厘米。这个基数非常重要，它既是佛像头部的长度，同时也关系到其他部位的度量。

（2）将第一个基数分成12份，得到第二个基数：2.08厘米，这个基数是佛像很多部位细部划分度量的唯一参数。"25厘米"和"2.08厘米"这两个数即是雍中扎巴家打制佛像时度量尺寸的依据（图7-7）。

（3）佛像的腹部至肩部总高为25厘米×3厘米。腹部以下为25厘米×0.8厘米。

（4）佛像的胸宽为25厘米×2厘米。

（5）佛像的手长为25厘米，手臂为16厘米×2.08厘米，上臂为20厘米×2.08厘米。

（6）佛像的腰宽为18厘米×2.08厘米，腹宽为15厘米×2.08厘米。

图 7-7 佛像

（7）佛像的脚长为 25 厘米 +5 厘米。

（8）佛像盘腿的宽度为（4 厘米 × 25 厘米）+（4 厘米 × 2.08 厘米）。

（9）佛像的莲花座分为两层，上层的高度为 10 厘米 × 2.08 厘米，下层的高度为 25 厘米。

通过对佛像不同部位的计算，获得不同的尺寸，从而构成佛像的立体高度。藏传佛教的大型铜佛像打制尺寸的计算方法，完全是由传统佛像塑造经验和工艺经验总结出来的程式化的公式。这种特殊的造型定式，保证了藏传佛教艺术的民族文化的个性特征，并形成了藏传佛像的特殊风格。由此决定了西藏寺庙大型铜佛像打制的不可替代性。即使在历史的长河中，

图 7-8 抬压

在近现代社会形态变革中,特别是在现代文化的冲击下,藏传佛教也仍然保持着宗教精神对工艺文化的影响力。千百年来铜匠的精神生活和经济生活改变得很少,不管是老铜匠还是年轻铜匠都处在一个相对封闭的自然环境中,接受着相同的宗教影响,用相同的方法传承着祖上留下的手艺(图7-8、图7-9)。所以,藏传佛像打造工艺至今还因为它的传统性具有重要的人文价值。

藏族铜匠的加工组织形式都以家庭为单位,采取父子组合和兄弟组合的形式,也有姑父与侄儿的组合、舅舅同外甥的组合。以血缘关系和亲戚关系作为主要成员(带有徒弟),使打制铜佛像的技术保持传承过程中的良好氛围以及工艺传承的纯粹性和彻底性,这也是保证藏传佛像造型特征和

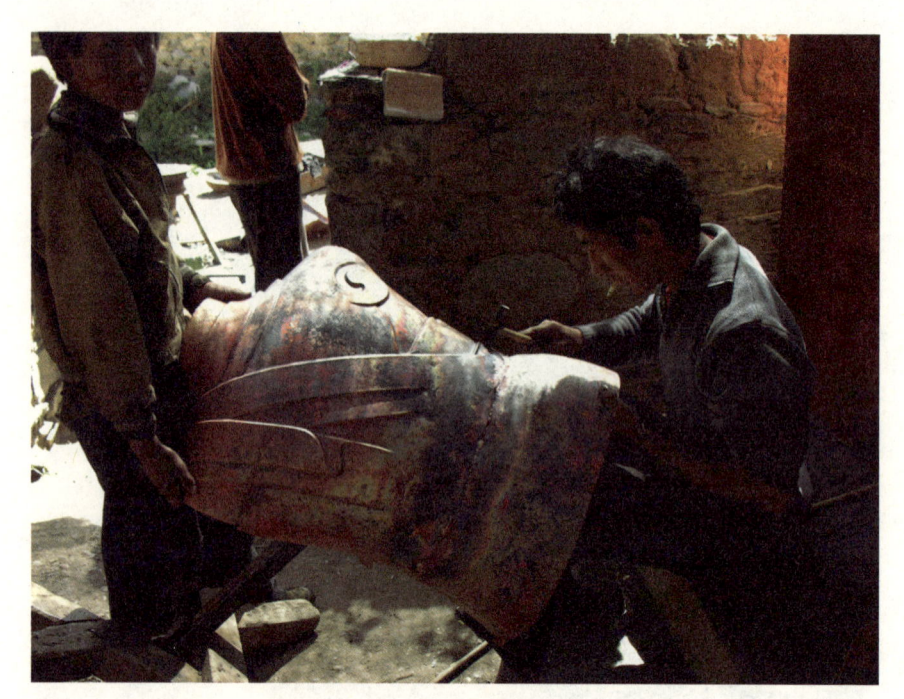

图 7-9 铜像的加工

宗教意义的恒久性的重要原因之一。

  还有一个重要因素即藏区金属工艺所用工具样式结构的统一性。藏族铜匠在锻造的工艺过程中，通常都使用一种组合套筒钢砧。这种砧子在使用时十分方便。由一个木质三角架支撑一条铁棒，将铁棒的上端锻成扁方锥形，能把所有的砧子套上去使用。钢砧必须用好钢打制，前端砧头根据需要打制成大小不同、斜度不同、弧度不同、方圆多变的形状；后端打制成套筒状。铜匠在锻造不同的造型时，随时可以更换钢砧。将砧子套在三角木架的铁棒上端的扁方锥形上，便可锻出各类造型。藏族铜匠使用的钢锤也非常有特点，长约15～20厘米不等，接木柄的孔在钢锤的中部，而且都是圆孔。锤面的变化很多，根据工艺的需要打制成圆头，又分不同的大小；打制成方头，也分不同的大小。锤面由平面到不同的斜面再到不同的圆弧面，变化极多。一个优秀的铜匠工龄越长，锤子也越多，因为加工不同的形状随时都要制作不同的锤子，以适应工艺的需要。手艺好的铜匠对工具的制作要求更高，有了好工具才能打造出精美的作品。藏族铜匠使用的这些砧子、锤子是藏区所独有的，不管是前藏拉萨地区还是后藏日喀则地区，不管是昌都铜匠还是山南铜匠，不管是云南藏族铜匠还是四川藏族铜匠包括青海、甘肃的藏族铜匠，都使用相同的锤子和砧子。藏族铜匠工具的绝对统一性，使我们不得不从历史的角度提出问题：在社会文化的演进历史中，藏族铜匠是如何保持这些工艺文化形态统一不变的？是不是因为藏族宗教信仰的全民性促使了藏族文化的统一性？

以上多是田野考察的资料和一些直观的感受，算是罗列了一个点的事实，能够说明藏族金属工艺历史的一个方面。通过观察和整理，可拓宽我们的思考，加深对传统手工艺的认识。这些看似落后的手工艺曾经为一个民族的历史文化发展起过巨大的推动作用，至今仍具有重要的价值。

第八章

山西长子和山东淄博的响铜乐器锻制技艺

一、山西长子县的响铜乐器锻制技艺

山西省长子县手工制造响铜乐器历史悠久，享有"铜乐器之乡"的美誉，是我国最早生产响铜乐器的地方之一。据《长子县金石志略》记载，唐贞观元年（627），在今长子县西南呈村的手工铜业作坊制作的响铜乐器就已遍及全国各地，享誉天下。长子县地处晋东南上党盆地的西南侧，尽管在太行山与太岳山之间，但是交通便利，利于响铜乐器的贸易输出。长子地区有古老悠久的传统文化，相传神农尝百草、精卫填海等神话故事和民间传说都发源于此，几千年的时光酝酿了响铜乐器发展的丰厚文化土壤。

长子响铜乐器制作是手工作业的典型代表，以铜锡为主要原料，经过熔炼制坯、反复锻造等多道工序完成。

（一）主要工序

1. 化料制坯（图8-1）

响铜乐器原料配比为：紫铜77%，纯锡23%。铜料大部分来自收购的废铜破锣。出料模分成大中小几种型号，为生铁铸模，模盖上有一个浇注孔。注入铜料前须先在铁模内壁刷上一层食用油，以保证铜坯光滑。根据乐器的大小将配比好的原料用秤称出重量放入适用的坩埚。每个坩埚可使用7~8次，大坩埚出料时可以倒十多个小模子。化料用地炉以煤为燃料，用风机鼓风。每炉放置上下两层坩埚，盖上保温板，加风。出料时需要看火苗的颜色，火苗发青发黄透亮即可，但要保证加热时间（约45分钟），出炉时坩埚带白灰越多说明温度越好。

每次出料完毕再加一层煤，在煤层上摆放两层装有铜料的坩埚，进行下一次化料。

图 8-1 浇铸铜坯

2．热锻（图 8-2、图 8-3、图 8-4）

（1）在加热炉中将铜坯升温至 600℃取出热锻，钳工 1 人，锻工 4 人。将铜坯打薄延展，约需重复退火锻打 12 次（也称 12 火），方可达到所需厚度。每一火锻打出 2 厘米左右。

加热炉炉膛用耐火砖，外墙用火砖砌成。燃料进口在炉膛后面，为一个狭长深邃的隧道。煤料进入后燃烧形成热量再进入炉膛，这种结构的炉膛使得火苗不直接对着铜坯。这是因为响铜的温度在热锻时不能超过 600℃，淬火温度不能超过 450℃，温度过高或过低都会使铜坯变脆，不能锻打。

（2）将打薄的铜坯继续锻打成乐器粗型。以铜锣为例：

① 起锣边。锤点打到离边线约 3 厘米的位置，锻打 3~5 火锣边即可立起。

图 8-2 热锻

图 8-3 热锻

图 8-4 热锻

图 8-5 抛光

② 退火，将锣立起来用板锤打边，使锣边直立。

③ 退火，再将锣立起来，用板锤的方平锤头打边，使边更圆更直立。

④ 退火，将锣平放在铁砧子上，用平锤打锣边，使锣边的高度统一平整。

⑤ 退火，再将锣面打出一些弧度（需要垫起一定的斜度锻打）。

⑥ 剪边，规整外轮廓。

(3) 淬火。将乐器粗型入炉升温至450℃，投入凉水当中。淬火盆用火砖垒砌，长宽均为160厘米，高67厘米，用泥灰黏和而成，盆内用水泥做防水。水温最高不能超过50℃，如果水温过高，淬火就达不到要求，会影响到冷锻整型。

(4) 冷锻整型、校音。使用各种型号的铁锤和铁砧子加工乐器粗型。由于不同形状、不同大小的乐器各自有固定的音阶，所以要在锻打过程中不断捶打校音，定出乐器的基本音调和音质。锻打不好的铜坯很难定音。

(5) 抛光（图8-5）。使用传统刮刀将乐器正反两面铲平刮亮，旨在铲去锻打过程中泛起的铜皮等杂质。如果不刮平，会直接影响音响效果。传统刮刀总长为102厘米，刀口部分长宽为4.5厘米×5.5厘米。刀口角度较小，使用时右手握住刀柄往前用力推，实际上有"铲"的功能，当地工匠称这一工艺为"刮明"。传统刮刀在国营厂用到1965年后改用车床，而在村里却是直到1985年才改为车床抛光。以刮锣为例：先刮正反两面的锣心（也叫锣镜），呈十字状交叉刮，反复三四次。然后放在铁砧子上，用圆头锤砸出反面锣镜圆形轮廓。在这个过程中开始第一次定音（当地称之为"黑锣定音"），即使用锤子敲打乐器各个部位，调整材质厚薄程度，在厚薄基本均衡情况下再用铁锤锻打不同部位，使铜分子之间的组织结构被人为地拉紧或放松，产生响亮的音色。锣面各个部位要保持平整，边捶打边听音边用小钢尺比较各个平面。然后将锣放在砧上呈逆时针方向刮锣面和锣边，刮锣面时刀痕不能影响锣镜。先刮正面，再刮反面，刮反面时是从最外的锣立面开始逐渐向内侧呈逆时针方向刮。抛光过程中需要经常调整刮刀的锐度。

(6) 打孔，系绳。穿绳入孔，便于提携而且不影响音质回声。

(7) 第二次定音（当地称之为"明锣定音"，图8-6）。完全抛光后，继续调整音色、音质和音调，做到同类乐器音响效果一致，不同类型乐器的音响个性鲜明。响铜乐器的成型过程因锻打力度不均，形成厚薄不均，音色也不均匀，这就需要用收紧和放松的方法来调整音色。定音是响铜乐器制作中最关键、技术含量最高的工序。能定音的工匠称为"好把式"，只有对响铜乐器其他制作工序都熟练掌握的工匠才有资格学习定音，所以也称为"全把式"。用锤调音时，不管是用直面或圆面捶锣，锣镜的边线处正反面都要有受力点，以保证音色的整体性。锣镜要平，音色才正才稳。定音走锤要根据锣的具体情况而定，收紧或放松，随时听随时决定走锤的方向、

图 8-6 定音

多少和轻重。定音时锣镜越大音频越低，锣镜越小音频越高。锣的鼓面高则音频高，鼓面低则音频低。

（二）响铜乐器产品

长子响铜乐器产品主要有平调大锣、蒲剧锣、高调锣、虎音锣、中音锣、开道锣、云锣、狗娃锣、糖醋锣、武锣、香锣、访苏锣、大手锣、圪塔锣、黑豆锣、晋剧马锣、大头镲、小头镲、小京镲、腰鼓镲、加官镲、水

图8-7 铜钹

镲、苏镲、铙镲、草帽镲、吊镲、风镲，以及"绛州鼓乐"、"威风锣鼓"、"太原锣鼓"等民间锣鼓所用响铜乐器（图8-7）。

（三）制作技艺传承谱系

长子响铜乐器制作技艺有谱系记载的传承历史可上溯至1858年，

详见下表。

年份	传承艺人
1858~1880	崔福兴
1880~1902	崔继祖
1902~1926	崔保玉、崔怀成、崔成根、井全则、谢太力等
1926~1945	谢怀义、谢怀礼、谢怀信、崔土云、崔水云、崔发圣、崔圣则、谢土旺、谢土胜等
1945~1959	除第四条列举的艺人之外，还有崔补元、崔召有等
1959~1979	崔希增、崔元则、崔引保、崔引德、崔世华、崔憨则、谢正其等
1979~1999	闫改好、崔桃明、王起堂、谢培文、崔德俊、崔建词、崔安龙、崔安仁、崔安国等
1999年至今	李岩峰、崔志红、刘旭龙、王书琴、崔军、谢培青等

（四）主要特征

1. 原料及工艺特征

长子响铜乐器的原料为铜锡合金，整个加工过程系纯手工制作。

长子响铜乐器制作是典型的民间手工艺，主要采取家族传承和师徒传承两种形式。从原料加工到成品完成需要多道工序，尤其是"千锤打锣，一锤定音"更需要匠人掌握高难度技术。千余年来响铜乐器制作技艺依靠师徒、父子之间的言传身教，还要凭借自身的悟性和长期的实践才能掌握。这些制作技艺是中国民间匠人在长期劳动中的智慧结晶，具有典型的非物质文化遗产特征。

2. 文化特征

地方音乐属于中国的传统文化范畴，而响铜乐器是地方音乐不可缺少的组成部分，它同样也是传统文化的代表符号。长子响铜乐器适用于晋剧、京剧、梆子腔、八音会等戏种，也适用于佛教、道教等宗教音乐。新中国成立前，它的品种只有七八十种，新中国成立后由于交通发达及信息交流，现已达到200余种。但很多品种并没有改变古制，只是在形状、尺度上作了更加细微的调整，使得乐器音阶增多，拓展了适用范围。在现代商品经济的冲击下，仍旧能保持传统形制，保持手工制作的独特性，维护地方戏曲文化，长子响铜乐器确实发挥了重要的文化传承作用。

（五）濒危状况

由于响铜乐器工艺制作周期长，体力劳动强度大，锻打工种尤其如此，年轻人多不愿学习，现已濒临后继无人的惨淡局面。目前在长子县西南呈村精通全套手艺的老一辈民间匠人只有三位，其中一位已81岁高龄，另两位也已70余岁。他们的子女中很少有人继承技艺，现今西南呈村中青年一代精通全套手艺的不超过六七人，老人们在谈到现状时都很沮丧。

（六）结语

如同其他许多传统手工艺一样，长子响铜乐器不仅是单纯的制作技艺，也是一种文化传承。熟悉整套工序的"全把式"需要对各个型号和调式的音乐了如指掌，这种技艺如果单凭个人的摸索是很难见效的，它需要数代工匠的经验积累和长久的音乐熏陶。长子响铜乐器的酝酿发展完全处于地方戏曲文化当中，这些戏曲融于当地的民间文化。所以工匠在制作响铜乐器时，一方面在不断地巩固传统的音乐文化，另一方面则在敏锐地捕捉时代变化，从而丰富了既有历史性又不乏个性特征的地方音乐。从这个意义上说，长子响铜乐器制作技艺在生产民间响铜乐器这种物质载体的同时，也在创造着内涵丰实的精神文化。

二、山东淄博的响铜乐器锻制技艺

山东淄博市周村区面积263平方公里，人口32万，居民以汉族为主，并有回、满、蒙等族。境内有煤、黏土、石英石、磨石等矿产资源，交通便利。响铜乐器制作于明末由泰安人王启贵、王启朴兄弟创始。清乾隆十五年（1750），章丘人紫念池创办聚合成铜器作坊，研制开道锣、奉锣获得成功。至道光三十年（1850），周村响铜乐器技艺有了很大提高，1905年又开办了德成昌、聚合恒等字号。

1920年，宋氏的太兴东和李氏的成德太字号开业。30年代周村响铜技工达数百人，被称为周村一绝。1915年，聚合成作坊创制了虎音锣，音响浑厚圆润，为京剧老生戏、青衣戏伴奏，效果奇佳，戏剧界名流所在戏班多前来采购（图8-8）。著名京剧演员奚啸伯亲自造访聚合成号，并手书"驰名南北，质量最佳"以赠。新中国成立后，周村响铜乐器生产进一步发展，产量曾为全国同行之冠。1956年，25家响铜作坊联合组成鲁东乐器厂，同年试制成军乐钹，改变了此钹依赖进口的局面。1959年，为中央乐团制作直径达1.3米的大铜锣4面，赠给来华演出外国交响乐团，打破了"锣不过尺"的禁区，也使大锣成为交响乐团配置的唯一中国乐器（图8-9）。

周村响铜乐器现有40余个品种，近百种规格（图8-10），其工艺流程与前述山西长子响铜作坊基本一致（图8-11、图8-12）。代表性传承人蒋义东，男，1963年出生于响铜艺人世家，16岁学艺，技艺精熟全面。1995年，为挽救面临停产的响铜制作技艺，他自筹资金成立周村东盛民

图 8-8 锣钹

图 8-9 大锣

族乐器厂，2005年更名为周村鲁东乐器厂。在他的带领下，周村响铜业重又焕发生机，所制乐器行销全国21个省、市、自治区，显现了这一技艺的旺盛生命力。

图 8-10 锣钹制品

图 8-11 浇铸铜坯

图 8-12 锻打

第八章 山西长子和山东淄博的响铜乐器锻制技艺

第九章

苗族银饰制作技艺

苗族制作和佩戴银饰历史悠久并独具特色，特殊的民族信仰和情感使苗族民众非常重视银饰的鲜明个性和文化标志，通过苗家银匠朴实却深远的智慧，成全了银饰的形态之美，使苗族银饰具有长久的生命力和令人叹为观止的审美特色（图9-1）。

图9-1 节日盛装

苗族支系繁多，不同区域对银饰纹样和形制的择取不同，但既然同属民族信仰，总有大体的规律和原则可循。苗族银饰以华美繁缛著称，妇女盛装佩戴的银饰多达三四十件，重逾一二十斤，从银衣、头冠、项饰到手镯、耳环、戒指……一切应有尽有。加工如此一套质量上乘的银饰，往往需要花费一年时间，即使是质量一般的也需要半年多的时间。一般而言，手艺较好的银匠不需耕种庄稼即可凭借"银活儿"供给日常所需，赚取的加工费几乎可以和银饰材料价钱一样。

只有领会苗族银饰的工艺之美，才能全面地认识苗族银饰文化体系，才不至于存在理解的误区。

银饰加工存在特殊性，需要伴随着不停的敲打和修整并在火的作用下完成一系列工作。苗族银饰工艺可以概括为錾花、花丝、焊接和编结。这些工艺并不是孤立的，而是在面对不同形制时需要互相穿插和灵活运用。例如在花丝工艺和编结工艺中，就需要根据不同的工艺情况采取不同的焊接手段和步骤，才能使整个操作活起来。

1. 錾花工艺

錾花是用錾子在金属片上刻出各种花纹和纹样的工艺（图9-2）。

苗家"银衣"上的图案，如凤鸟纹、龙纹、水牯牛纹、双猴纹、骏马纹、人骑马纹、神仙瑞兽纹、狮子纹、瑞兽纹、小鹿纹、神仙纹等，都是以浮雕錾花作为主要技法，同时还穿插以锡料翻模工艺和镂空、肌理等特殊表现手法，加工时需用锤子、錾子、锡模等工具。

图9-2 錾花

錾子是雕刻银衣片时最为重要的工具，由师傅根据纹样需要自制，以韧性好又不易变形的钢为最佳，也有用响铜的（图9-3）。

每个银匠师傅大约有上百根这样的錾子。錾子的类型分为一字錾、雀眼錾、点錾、面錾、肌理錾等，同一类型的錾子

图9-3 錾子

又包括很多型号，例如一字錾有厚薄、宽窄之分，较厚的一字錾用来雕刻纹样的外轮廓线；薄而锋利的一字錾用于雕刻纹样上的装饰线。厚而钝的錾子雕刻出来的线具有混沌、含蓄的视觉效果，适合于雕刻纹样的边缘外轮廓线；薄而利的錾子则能表现清晰、明快的效果，用它来雕刻动物身上的羽毛、云彩、人物面部是再合适不过的了。

选择什么样的錾子是以银匠师傅的经验和对纹样的理解为准的，不同的银匠师傅在面对同一银片纹样时，会有不同的理解和表现手法，工艺效果的呈现直接决定于审美和个性的思考。活学活用的银匠师傅在雕刻银衣片时懂得平面构成原理和点线面的合理分配，懂得下锤的果断或惜力，不同位置的线条或柔弱或刚硬与此直接相关，能够恰到好处地通过不同錾子的运用来表现纹样的虚实关系、主次关系、强弱关系。这样就增强了纹样的雕塑意味和审美情趣，使纹样刻画得活灵活现，给人以灵动鲜活的审美感受。虽然银匠们并没有受到正规的美术教育，但长期的工艺实践使他们不只是进行简单的纹样复制，而是追求更多的个性化内容。

苗族银衣片的基本纹样都沿用祖辈的铜模式样，很多铜模已经传承了很多代还在继续使用（图9-4）。

图9-4 铜模

翻模工艺也采用古法。由于铜模一般是使用0.3~0.5厘米厚的紫铜片，烧红退火以后反复在正反两面使用不同的面錾敲出高低、错落的纹样，然后以此为模翻出两个锡模（一为阴模一为阳模）。加工银衣片时先将0.2~0.4毫米厚的银片退火，冷却后平放在阴模上，用小木棍戳出纹样凹面，如此反复大约两次，直至能看出纹样的大体效果，然后将阴阳锡模合扣于退火后的银片上，用大钢锤敲打大约三次，使银片的高低位置与铜模相近，最后将银片固定于阳模上用钢錾进行细部加工。加工过程中不需要退火，待把所有的装饰线敲出后，再退火洗净即可。

　　錾花工艺是一项主观能动性很强的工作，其中掺加了很多情感的因素。例如有的银匠对动物身体的装饰采取不同的表现手法，有的是呈扇形排列的细羽毛，有的用点錾排列出卷草纹样，有的是鱼鳞状纹饰等。这些都是随银匠师傅主观意识而变化的，以增强装饰效果和体现银饰工艺高贵之美。同样的一件银衣片由不同的师傅来雕刻会有不同的理解和装饰手法，或更有图案意味，或线条更实在而清晰。錾花不是单纯的平面版画刻线，而是结合浮雕起位的变化在纹样表面进行细微处理，纹样轮廓要清晰而不死板，细部纹理要整齐而灵活，不能为追求线条顺畅而从头到尾使用相同力道和线条强度。不强调虚实的錾花工艺就没有取舍，全盘精彩也就失去了对比的意味。例如在轮廓起錾时，往往要用较大的力量，犹如运笔的力透纸背。錾子走起来的时候悬起手腕，依据纹样起伏选择实力或虚力，达到抑扬顿挫的效果。一根线条在终了时的起錾最后自然地虚到背景里，从实到虚的体味塑造了錾花工艺的灵活之美。

　　2. 花丝工艺

　　如果说錾花是金属浮雕，那么花丝工艺更像是在金属上制作刺绣。在苗族银帽冠、牛角、银梳、银头拢、银簪以及马排头围上，都可以看到这种极尽精致的加工工艺。錾花是讲究粗细线条搭配和转折结构的艺术，花丝则是以细如毫发的银丝在银片上造型和装饰的艺术。

正由于要求缜密的细致之美,所以花丝工艺并不容易。前提是要准备纯度较高、直径大约0.3毫米的细银丝,抽拉银丝时要尽量长而均匀,然后将其压扁。退火变软后用钳子将头端拧几个小麻花,再将其放在自制的"花丝木"(木质硬而光滑的两块木料,因专用于搓花丝而得名)上,顺势搓成麻花状细丝(一般要反复退火三次,搓三次)。麻花越紧密越流畅就越是精品。搓好花丝以后,将其排成几排固定在木板的钉子上(绷得越紧越好),用黏度适宜的牛胶将几排花丝粘连在一起,待牛胶干透后取下(图9-5)。

图9-5 花丝

接下来的步骤是根据不同纹样掐丝,一手拿一块比所掐纹样稍大的玻璃以保证花丝平整,另一手用镊子掐出细小的纹样来。当然,当初花丝固定成几排就会同时掐几个完全相同的纹样。待掐好花丝纹样后,要想将它们分开,可以放在铜片上加热使牛胶受热蒸发。加热时,火力不可太大以免花丝烧化,看到牛胶变黑、几层花丝差不多分开时即可。

最后最难也最关键的一步是将花丝焊接在银片上。说难是因为焊接时不易控制火候。由于细丝和银片的形状大小不同导致受热不匀,如火力太轻焊药太老,花丝就不会全部焊接在银片上而出现"翘丝"现象。如果火力太重,花丝会被烧化。如果焊的次数太多,银片上会出现被烧伤的小坑

（俗称"吃料"），严重影响追求细密精巧的花丝艺术的美感。因此，花丝工艺看似简单却非一日之功。控制用火是焊接花丝的基本功，要留心观察不同部位焊药的熔化程度。焊接是瞬间的艺术，眼力和动作相协调才不至于手忙脚乱。

　　焊接花丝的方法有三种：一是"捡焊"，就是将焊药剪成小片，依据用量放在花丝上焊接。这种焊接方法不易把握全局，但具有流动性好的优点。二是"砂焊"即"筛药"，就是把焊药锉成粉末状，同助熔剂硼砂混合在一起均匀地撒在花丝和银片的结合处再焊接。这种方法由于焊药颗粒小较易控制，但银片上易出现不平整的麻点。三是"点焊"。这种方法并不需要在银片上放置焊药，而是使用镊子夹住剪成长条状的焊药，先把银片和花丝加热到焊药熔化的温度，随即迅速而准确地将焊药点到焊接处，银片的热量即可在接触的刹那将焊药熔化。从理想化的描述来看，似乎点焊是一种干净利落的焊接方式，但实际上却取决于银匠于短时间内对火候和点焊契机的把握。速度快慢、温度高低、点药多少，都需凭经验判断。

　　以上三种花丝焊接方法各有利弊，可在实践中取长补短，结合使用。技术好的师傅一般需要焊三次，有的两次即可完成。焊接时可采用烧正面和烧反面相结合的办法。正面焊接效果直接，但要注意控制火候，防止花丝熔化。背面焊接能基本保证花丝的完整，但速度较慢。第一次可以焊接几个重要的点，因为大多数时候花丝并不能和银片很好贴合，固定几个点之后就可以将其反扣在平整的木板上轻轻地用锤子敲平，这样花丝和银片就能很好贴合起来。第二次焊接最好将花丝全部焊住。如果不能，就在第三次将脱离的部位焊好。最后，将花丝沿边缘线剪下，在银片背面焊一根用于捆绑固定的粗银丝，就可以用于不同的装饰部位了。

　　在施洞有一款别致的花丝蝴蝶戒指，现将它的制作方法介绍如下：第一步是取一段细丝，压扁后将其弯折成蝴蝶的外廓；第二步叫做"填花丝"，即取搓好的细花丝压扁，在光滑的玻璃上用小镊子将花丝缠绕成葵花籽状，以正好放在蝴蝶的大小翅膀中间为最佳，蝴蝶的触须中也要放一段花丝；第三步是取四段较粗的圆丝焊接在翅膀的两端做戒指的圈，并在空白处添加花丝；第四步是剪两个同样体积的银料，将其烧化后成为两个小银珠，用它们做蝴蝶的眼睛，还要化两个大一点的银珠，将它们放在钢锉上敲打成有肌理效果的扁圆体，作为蝴蝶两边的装饰；最后将戒指弯曲成型后做一个活动的圈。这里要特别指出的就是花丝焊接用的是砂焊工艺，即先将蝴蝶的外廓和花丝放在加热的硼砂水中，取出后均匀撒上粉末状焊药；其他部位用砂焊或片焊皆可。

花丝工艺不必完全依靠祖辈传下来的纹样，因而在艺术创作上具有更大的自主性。它追求的是细丝的肌理和纹样变化在素面银片上的搭配。一般而言，有什么样的图案就可以做出什么样的花丝效果。但因为花丝对技术含量要求极高，费工费时，制作高质量的花丝首饰所花费的劳动时间要远远高于一般花丝工艺；花丝属于费工不费料的工艺类型，錾花工艺恰恰与此相反，费料而不费工。因此在相同的质量标准和相同的劳动时间内，花丝工艺品的制作数量要远远少于錾花工艺品。花丝首饰的精品也就难得一见了（图9-6、图9-7）。

幸运的是，总有一些能工巧匠仍致力于花丝工艺的研习和改进。前辈的花丝纹样和工艺具有更多朴素、单一的特征，这是手工艺文化在人类文明发展初期的表现。而经过长期的摸索改进，可以说后来花丝艺术无论其工艺还是图案都更加完美。

3. 编结工艺

编结是苗族银饰加工的特色之一。从苗族妇女盛装时佩戴的膨手镯（图9-8）、龙项圈、大小压领、粗细银链可以见到不同方法的编结工艺。其中，压领的形制是由一条六瓣或四瓣花形穿丝银链、中空狮子滚绣球圆弧银盒和几排银铃铛吊吊组成，主要使用錾花和焊接工艺，中间的绣球则是花丝工艺制作的。龙项圈则由圆形龙纹项圈和大小蝴蝶吊吊、花篮吊吊和

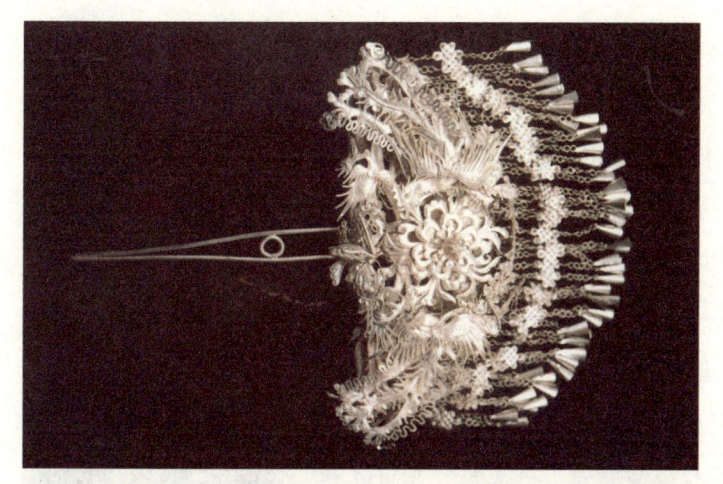

图 9-6 发簪

图 9-7 螳螂

图 9-8 膨手镯

第九章 苗族银饰制作技艺

铃铛组成，主要使用錾花和焊接工艺。膨项圈用四根约1.5米长的实心银条相铰接而成，主要使用编结、锻造、花丝和焊接工艺。粗细银链则是由直径约0.5～1.5厘米的八字形银条环环相接而成，使用锻造和焊接工艺。下面介绍膨项圈的编结工艺：

首先将银子锻打成四根粗细均匀，直径约0.7厘米、长约150厘米的方形银条，退火后将两根银条平行捆绑在长2米的圆木棍上，银条之间的间隔就是木棍的直径。银条的中段用绳子捆绑结实，按相同方向将银条缠绕成麻花状，绕完一头再按同一方向绕另一头。把四根银条绕成两组麻花状银条后，再将这两组银条缠绕在一起，最后形成中间粗两头细的形状。用锤子将麻花两端敲紧、敲实，然后用木镊缓慢地将膨项圈的形状找规矩，再把两个从粗到细微弯的、缠有较粗花丝的银管（两头要做两个搭扣）套在麻花的两头，将二者焊接在一起即告完成（图9-9）。

图9-9 膨项圈的焊接

需要说明的是，苗族师傅焊接膨项圈时是将其放到炭火上加热的，因为炭火火力大，保温性好，焊接大件首饰较易操作。首先将项圈两头被敲实的银条焊好，要多放一些焊药以保证焊接结实；其次将焊好的项圈头放在硼砂水中充分浸泡之后再加焊药，焊接银管时，一边夹着项圈另一边夹着银管头端放在炭火上。这时要注意银子在火中的变化，等到银子焊接部位均匀受热而变红，估计焊药完全熔化时，先将二者固定住，再予巩固。项圈两头全都焊接成功后，不急于从火中取出，而是要顺势将项圈全体退火，目的是为下一步清洗作准备。

苗族银匠清洗银首饰时是将它在明矾水（10斤清水加约2～3斤明矾）中，在炭火上加热直至煮沸，银饰变白约10分钟后取出，再放在清水中煮沸；用凉水反复冲洗，最后用铜刷子将项圈刷亮，烘干。

苗家小米花手镯的加工方法比较独特，先将一段木料削成中间粗两头细的形状，用来做手镯的中间骨架。然后搓成12根长约70厘米的花丝，将花丝固定在木料中央后，默念"一搭二，二搭一"的编结口诀，从中间到端部编结，编完一头再编另外一头。编结完毕后，将工件放在炭火中退火，同时把木头烧掉。退火后用木槌将花丝修理规矩，将手镯敲打成纺锤状，同时缓慢地将镯弯曲，最后将两端用花丝缠绕并焊接在一起，再做一个活动的连接结构就得到成品（图9-10）。

图9-10 小米花手镯

编结其实就是粗花丝的缠绕和盘结。相对錾花和花丝来说，编结不需太长时间即可掌握，效率较高而且可保证质量。但编结的魅力在于必须亲眼见到工序和制作方法，才能明白最终效果是如何达成的，单凭想象无法从成品推断其工艺方法。苗族编结工艺看似花团锦簇般的繁复，但观察工艺操作才发现实际只是单元动作的连贯进行。编结时的整型则非常重要，需依靠简单的工具将柔软的银条作空间的造型变化，从而从多个角度看都呈现完美而饱满的轮廓。

上面所述三种工艺类型及穿插其中的翻模和焊接工艺，大体构成了苗族银饰工艺的总体面貌。长期以来苗族社会一直由自己的银匠制作银饰，从无间断的银饰使用使工艺同形制完美结合，苗族银饰文化的命脉也就这么保持了几千年。他们围绕对苗族图腾——蝴蝶妈妈的演绎，不断发展新的工艺形式，使苗族的文化标志借助各种银饰加工工艺而升华和深化，这是苗族银饰文化得以独树一帜的关键所在（图9-11、图9-12）。

不同地区的苗家银饰工艺及文化存在着共同之处，例如雷山苗家的膨项圈、台江县苗家的大压领和龙项圈等。不同支系苗族银饰的工艺特色并不是某一支或某一个地区的苗族所独有，银匠们也从来不是老死不相往来的。

在苗族古歌中，不乏对苗、汉交往的描述。例如《运金运银·铸造日月》就提到：“银窝是汉人造的，我们拿来熔金银，打首饰给姑娘。汉人凿成个瓢儿，凿瓢来把银子舀，汉人造成了木桶，拿木桶来装银子，每只桶儿都装满，汉人制造木扁担，拿扁担去挑银子。”还提到汉族手工业者到苗区经营的情况：“汉人聪明手艺好，轻轻挑起个风箱，挑个风箱来西方，儿子铸锅爹抽风，爹铸锅来儿抽风，铸成一口煮鸭锅。”汉苗、苗苗银匠之间的交流促成了苗族银饰形制和工艺的丰富。

人是工艺行为的关键要素，工艺思想是伴随着工艺行为而进步的，思想和行为又有着互相促进的作用。耐心观察苗族银匠在制作时的自如应对和按部就班，就不难体会到一种近乎庖丁解牛的洒脱和沉稳。中国乃至世界的金工师傅都有一种特质，那就是非常善于从所处的不同环境中寻找金属加工的材料和简便易行的方法，苗族银匠师傅亦是如此。这也许同他们简陋的生产方式和劳作习惯有关，例如苗家拔丝机其实就是一条经特殊处

图9-11 苗童盛装

理的板凳。将板凳中间挖洞使银丝通过并抵住拔丝板拔丝时的力量，借助板凳支撑部位的结构限定两头带洞的木棍，并将银丝绞缠在木棍的中间部位。人在操作时借助工具转动木棍，只要用力均匀，拔出的银丝即可光滑

图9-12 苗女盛装

平整。如此简陋的工具更容易控制和打理,盘坐在那里几乎不用起身就可把所有工序进行完毕,迅速而完美。

　　散落在山村乡野间的苗族师傅没有机会接触和使用现代机器和工具,但这并不妨碍他们工艺的精湛。相反,正因为在日积月累的劳动中依靠自我制作和使用工具的能力,对不同工艺特色与工具的关系有透彻的理解,大多数银匠师傅其实是一个器械制造者,所擅长的是针对不同工艺制作一些简便有效的小型工具。他们因地制宜地结合自己的经验制作合手的工具,而这种独立精神恰恰是"现代人"所缺少的。

"工欲善其事，必先利其器"。苗族师傅的工具构成了苗族银饰工艺的重要部分，不管是倒焊药时使用的石头还是搓花丝时使用的木头和打制银泡的牛角，看似简陋却扮演着非常重要的角色。了解自然物的特性并为工艺所用，这是一个匠师应具备的特质，与《考工记》所说"天有时，地有气，材有美，工有巧，合此四者然后可以为良"的理念是相契合的。

第十章

景泰蓝制作技艺

《中国民俗辞典》对景泰蓝的界定是："景泰蓝,亦称'珐琅'。以铜为胎,釉间有金银丝缠绕的一种传统工艺品。"

景泰蓝经过明清两代的积累与传承,到中华人民共和国成立时,已经形成了具有浓郁中国传统文化特色的工艺品种,深受海内外喜爱,成为重要的出口创汇产品。20世纪60年代初,景泰蓝工艺被定为国家秘密。80年代末,中国媒体曾说有日本访问团窃走了景泰蓝制作机密,成为轰动一时的"景泰蓝泄密"事件。然而资料表明,早在70年代,美国、英国、日本都有相关论著出版,并不存在泄密的问题。1993年,中国宣布景泰蓝工艺不再属于国家秘密。目前,中国景泰蓝主要产地有北京、广州、上海、天津、陕西、河北、台湾等。

景泰为明代宗年号(1450～1456),"景泰蓝"的命名似意味着该种制品起始自景泰年间,但实际上它的起源比这更早。关于其起源与发展,业界有外来说和本土说,本土说又有源于唐朝、源于元朝、源于明朝等说法,迄无定论,杨伯达指出:"明代初年,曹昭在《格古要论》中首次著录了珐琅工艺的渊源、特点、用途等问题,成为今天研究我国古代珐琅器唯一的文献资料……现存实物资料与文献记载证明,我国最早的珐琅器产生于元代……故宫博物院收藏的掐丝珐琅兽耳三环尊、勾连鼎式炉、缠枝莲象耳炉等,均与笔者所见上述珐琅器的成色、质地较为接近,应是我国元代晚期的作品。"[1]

明代说则是据传世实物的底款定论的,其中最早的为明宣德款,最多的是景泰款。有一点可以肯定,那就是到明景泰年间,这一工艺已臻完善,又喜以蓝色为主调,故被称作景泰蓝。下文以掐丝景泰蓝为例,简介其制作工艺:

1. 制胎　景泰蓝制品既有装饰性强于实用性的瓶、罐等器,也有纯

---

[1] 杨伯达:《中国美术全集·工艺美术编·金银玻璃珐琅器》,文物出版社,1987年版,第23页。

作摆设用的人物、动物、水果造型。无论哪类产品都要先制作胎体，再以掐丝珐琅装饰。能完全用机器制胎的品种有限，很多器形仍需手工或半手工制作。例如三角形、方形、菱形等器由半手工半机械成型；特别是动物、人物、水果等不规则形状需全用手工制作，大型的圆形器物也得用手工制作。制胎要先做模具。钢模用于批量产品，其优点是能反复使用，冲压的胎体尺寸标准、花纹清晰。锌模熔点低，不能反复使用，但成型相对容易，用于批量小、造型简单的錾花制品。模具制好后，裁取铜板（通常选用紫铜）制作胎体。如用机器加工，较易做到器形规整和对称。若以纯手工或半手工的方式采用剪切、捶打、焊接等工艺制作，难度就很大，需要丰富的操作经验和良好的技术水平。

制胎说来简单，实际操作却颇不容易。要严格检查铜板质量，如铜板不合格，会导致开裂、崩釉。做成对或批量产品时，要严格保持胎体尺寸、重量一致。最难的是要保证胎体薄厚均匀，否则在烧制过程中会因膨胀度不一使珐琅釉崩裂。

2．制丝　胎体完成后，须制作、粘接铜丝花纹，称作"掐丝"。

很多产品的弦纹、边线用圆柱形铜丝制作，但多数产品的图案轮廓线需用长方形截面的扁丝。制丝时要把圆柱形铜丝压成扁丝——掐丝用丝。不同尺寸的作品要用不同宽度的铜丝。如60英寸及以上的产品用宽1.5毫米的铜丝，3~6英寸的小型作品用宽0.85毫米的铜丝。铜丝的型号规格有30余种。

3．膘丝　有些不规则图案需用单独的铜丝来弯制，有规律、尺寸统一的图案则将几条铜丝合并起来弯制。这是为提高效率。如果一根一根地制图案，不仅慢，也会增加不规整的可能性。因掐丝工艺的这一工艺特点，设计者多将图案设计成可连续延展的纹样。这样，只需将有限数量的线形品种，经批量制作，再按一定排列规律铺粘在器物表面就可以了。合并的铜丝太少，效率低，合并的铜丝太多，又为弯制带来难度，难以保障花纹的精美、准确。所以通常根据丝的尺寸和图案的复杂程度把6根、8根或10根丝用猪皮膘并列地粘连在一起。纯手工年代是将并列的铜丝均匀地缠绕在秫秸秆上，再在铜丝表面刷猪皮膘。晾干后取下，截成所需长度。1958年研制了膘丝机，可解脱部分手工劳作，效率提高了50%，膘出的丝更加匀致。

4. 掰花 把粘连的组丝切割成所需长度，再用工具弯成所需图案线形，称作"掰花"（图10-1）。掰花是纯手工劳作，需要敏锐的眼力、对图案的准确理解、对工具的纯熟把握以及熟练的操作。一般要求一次弯折成功，如弯的角度、尺寸不对就要返工，势必影响美观。掰好的花要放到火里烧过才能用，因掰制过程中，铜丝的柔韧性变劣，不易在胎体上粘平。退火后柔性变好，又可以除去粘连的膘痕，使丝花便于分开。最后把图案线形一一分开，用白芨粘到器胎上。这只是主要步骤，在操作过程中还有擦胎、打墨线、过稿等细节。

5. 上花 亦称粘丝，将掰好的花一一分开，再粘接到胎体规定位置。花丝只经粘接并不牢固，为增强牢固度还要焊接。焊前先要检查是否有漏粘和变形的花丝。然后，将需焊花丝的部位喷上水（为吸附焊药），均匀地用小筛子撒上焊药粉，入火煅烧。这道工序一般要进行两遍，以确保花丝

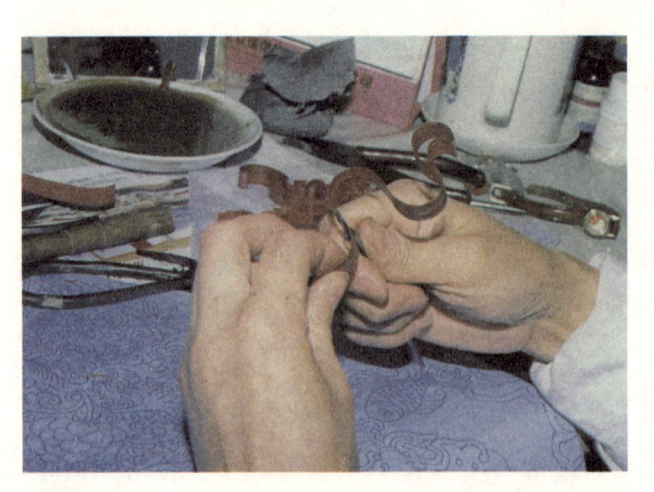

图10-1 掰花

图10-2 上花

与胎体焊牢。

掐丝景泰蓝为什么不用圆丝而要用扁丝呢？这是因为掐丝像一道道围墙，屹立在胎体表面，圈出许许多多的图案空间。这些空间要填上各种颜色料，平立的花丝就起到阻隔相邻颜料、不使串色的作用（图10-2）。

6．平活　烧焊的胎体表面布满了烧过的焊药、白芨形成的杂质，若不清除会使色面出现由气泡形成的砂眼，所以需要用稀硫酸泡煮，分为100℃泡煮4～6小时的高温法和50～60℃泡煮12～24小时的低温法。无论用哪种方法，都要将掐丝胎体煮成略带粉红的银白色才算成功，然后用水充分清洗并作干燥处理，以防生锈。

上述一系列操作可能造成胎体局部变形，所以还须整形，称作"平活"。

7．点蓝　掐丝景泰蓝所用颜料是珐琅釉料，有北京釉料、西洋釉料、云南釉料、博山釉料和广东釉料5种。

北京釉料是清代内务府造办处珐琅作自行烧炼的，有20多个颜色品种。20世纪50年代以后，艺人和技术人员又共同研制了50余种新色釉以及无铅釉料20种。

从西方进口的珐琅釉料，釉质浓厚、莹润，色彩鲜艳、饱和，元末明初多用西洋釉料。

明宣德（1426~1435）晚期至清朝初年多使用云南所产釉料，云南釉料由此得名。

博山釉料产自山东博山颜神镇，分银蓝和铜蓝两种。银蓝釉料熔点较低，多用于银胎器物；铜蓝多用于铜胎器物或作搪瓷釉料。清代中期后，内务府造办处多用博山釉料，并将博山设为专用釉料产地。

珐琅釉的基本成分约为：SiO_2 46.82%，PbO 45.67%，Na_2O 5.31%，B_2O_3 1.069%，CaF_2 1%，CaO 0.12%。在此配方中加入适量助溶剂、着色剂便成为不同颜色的彩色珐琅釉料。

往丝胎填釉料的工序叫做"点蓝"。点蓝须用特制的长柄蓝枪，铲着釉料一点点往丝空里倒，以及用玻璃吸管吸取釉料往丝空里挤灌（图10-3、

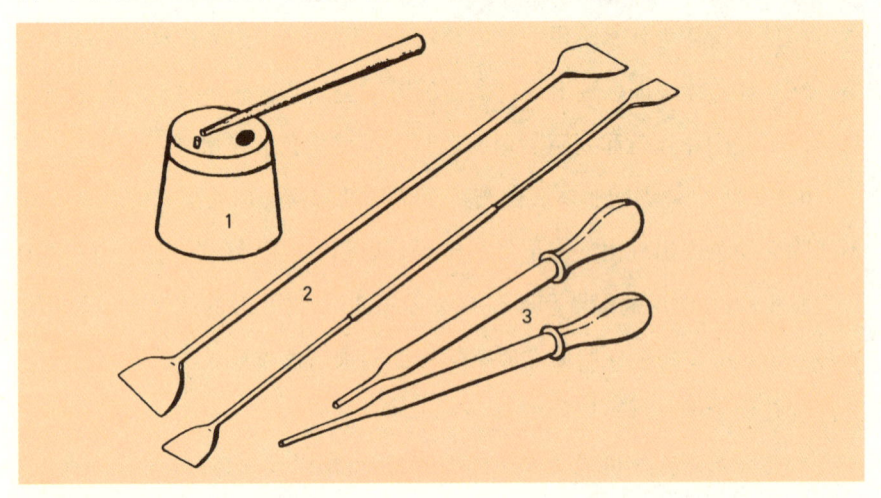

图10-3　点蓝工具：1.喷壶，2.蓝枪，3.吸管

图10-4）。

8．烧蓝　上完第一遍颜色后要烧一遍。烧结后颜料会收缩，于是第二遍点蓝并再烧一遍，称作点二火。点头火和点二火有很多须注意的事项，稍不注意，就会导致串色、釉料与铜丝有间隙等问题。为了帮助记忆，减少操作失误，一线工人师傅总结长期实践经验，将操作程序与注意事项编成了方便记忆的顺口溜，对技术掌握与操作有相当帮助。有些产品烧二火

图10—4 点蓝

还不够，还要烧三火乃至四火才能完成。

9. 打磨　制品必须经打磨才能使釉料平整、铜丝均匀出露。打磨时先用金刚砂石再用布轮，最后用木炭擦拭光亮。

10. 设计　设计是景泰蓝生产的第一道工序，景泰蓝设计受工艺制约，因此先介绍其工艺再述及设计。景泰蓝设计犹如带镣铐的舞蹈，要在烦琐的工艺制约下表现美丽，难度是很大的。例如由于珐琅釉的制约，不能有大面积的块面，否则易于崩裂，纹样要以很多边线切割，有金属线边的围护，珐琅釉才会稳固。在这种条件下，往往使设计流于繁俗，缺乏创意与美感。又如繁多的金属丝装饰易使生产制作很费时间，为了提高制作效率，就要设计一些重复性的图案，使手工生产中实现局部性批量操作。如果设计得不好就会造成单调的视觉。因此，单个纹样的形式及其排列方式很重要。单个纹样的形式是整个设计的核心。好的单个纹样无论采用二方连续、四方连续抑或散漫铺排，都不会有单调感。

铜胎画珐琅又称"烧瓷"或"洋瓷"。在铜胎内外涂敷白色瓷粉后烧结，再在瓷面上彩绘图案纹样，经多次烧制后磨光、镀金而成。为区别于景泰蓝的铜胎嵌珐琅和古月轩的瓷胎画珐琅，故称为铜胎画珐琅。

铜胎画珐琅的制胎、磨光、镀金与掐丝景泰蓝基本相同。画活先要过墨稿，再将墨稿平覆器壁上用布拓团均匀拍打，瓷白釉面上就留下图案纹线（图10-5、图10-6）。[①]

用红、黑两色将纹线勾画一遍，晾干后再经火烧就可以填色了。

图10-5 勾画墨线

图10-6 过稿

画珐琅所用釉料比掐丝珐琅釉料细腻，更富于绘画表现力，画珐琅比掐丝珐琅釉色薄又是低温烧制，不需要掐丝围护，在装饰手法上自由许多。

画珐琅是从西方传入中国的，清代偏爱此种工艺并形成流派。常见的画珐琅品种有盘、盒、碗、碟、瓶、壶等。

[①] 唐克美、李苍彦：《中国传统工艺全集·金银细金工艺和景泰蓝》，大象出版社，2004年，第321页。

图10-7 掐丝景泰蓝勾莲花觚，明宣德年间

11. 代表作

明清两朝皇家偏爱掐丝景泰蓝制品。

明朝的审美情趣偏简淡、清秀、纤巧，注重工艺精美。追求如明宣德掐丝景泰蓝勾莲花觚（图10-7），造型纤长，秀美挺拔。通体以浅蓝色釉为底，饰以深蓝色叶，叶间疏密有致地排布着勾莲花朵，有红、黄、白三色。每种颜色的花朵又以不同颜色的花蕊装点，既丰富花朵色彩，又与满饰的底色呼应。它通身内外的底纹图案只有两种，采用内外交错、上下间隔等手段，不仅不显单调，反而热闹非凡。这种繁复感是图案全部采用曲线造成的。敞口细身的花觚未免显得头重脚轻，于是在觚身四周饰以突起的镏金云龙纹扉

边。金黄的扉边与觚身的金色圈饰交相辉映，既稳重又富丽堂皇。为打破视觉的繁复过分，采用弦纹将觚身分为三段，使之具有节奏感（图10-7）。

清朝的景泰蓝纹饰繁复，造型更倾向于不规则，掐丝珐琅凫尊就是典型的例子。整个作品除口、足及腹足连接线，再也找不出平直的线，通体展现的是曲线之能事。

新中国成立以后景泰蓝是创汇产品，国家加以扶植。20世纪50年代至60年代，通过学校培养，又为行业补充了技术人才，使传统技艺得以很好承传并融会新的知识结构、审美取向，从而有新的发展。

例如中国特级工艺美术大师金世权，不仅将枣核地、龟背锦有机地融入当代产品，还创制了多种新的锦地图案。他还把工笔花卉纳入景泰蓝装饰，使之更生动。景泰蓝大师张同禄创作了具有时代气息的蝴蝶瓶、鸮杯（图10-8），有40余件作品获奖，10余件作品被国家博物馆收藏。

图 10-8 鸮杯，作者张同禄，现存中国工艺美术馆

第十章　景泰蓝制作技艺

第十一章

金银细金工艺

一、金银细金工艺的起源与发展

金银细金工艺品是以黄金、白金、白银等贵金属及宝石为原料,制作陈设品和装饰品的传统技艺。

这一技艺的起始可以追溯到商代。商周时期采用锤打工艺尽量把黄金在面积上延展,产品大多是车饰。

春秋战国时期,金餐具和金带钩出现,主要由铸造和錾刻成型(图11-1)。

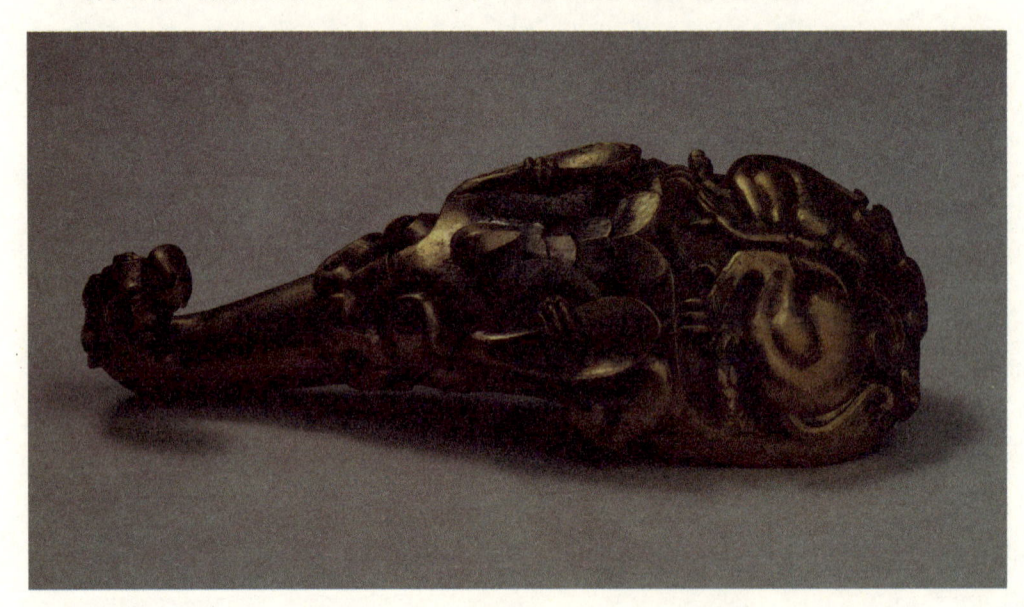

图11-1 金带钩,战国

汉代黄金用于玺印的制作,工艺仍以铸造、錾刻为主。东汉时期,疆土扩展与对外往来使黄金制品品种和工艺更为丰富,出现掐丝、垒丝、焊接、镶嵌等工艺,风格上明显受到罗马文化的影响。

商代到汉代是金银细金工艺的萌芽期,倒是逐草而居的游牧民族在此期间在品种与工艺方面有更高的成就。究其原因,是游牧民族经常迁徙,要求生活用品便于携带，并注重装饰品的使用。

装扮自身及帐篷、用具是他们所关注的，从而创造了同一时期汉族没有的项饰、耳饰、头饰等饰品。他们能熟练运用铸造、锤镖、压印、拔丝、镶嵌等多种技法，比汉族地区的工艺超前了许多。

从汉代到唐代有近400年的时间跨度，长期战乱使人们把更多的希望寄托于宗教并有及时行乐的倾向。这一时期出现了贴金佛像和首饰等金银细金工艺制品。

唐代进入较长的安定、繁荣时期，成为政治、经济、文化大国。文化交流盛况空前。朝廷改革了金银开采和工匠服役制度，使金银细金工艺制品的市场和行业规模得以扩大，从业人员倍增。为在竞争中取胜，工匠们在技术水平、工艺手段、花色品种上下工夫，在借鉴南亚、西亚及少数民族技术的基础上，研究出了销金、拍金、镀金、织金、砑金、披金、泥金、镂金、捻金、戗金、圈金、贴金、嵌金、裹金等加工工艺，使金银制品的多样化发展得到技术保障，有些工艺沿用至今。

唐代金银制品大致有饮食器、日用容器、首饰、药器、杂器这几类。造型纹样力求大方、多变和唯美，并明显受到中亚、西亚风格的影响。近50多年来，各地出土的唐代金银制品不少于2000件。总之，有唐一代是金银细金工艺划时代的发展时期，体现了泱泱大国的神韵风骨（图11-2）。

宋代崇尚理学，反奢侈节私欲，由于银多金少，审美又偏向理性，金银制品的造型、图案以清晰、明朗的高浮雕居多。这一时期出现不同材质、工艺间的相互摹仿，例如四川德阳曾出土一件模仿雕漆工艺的银瓶。市民文化、文人文化及南方的艺术风格共同影响了金银细金工艺，使其清秀细腻，从整体到局部都处理得细致周到，并喜爱双层结构和凹凸纹饰明显的高浮雕，以增强银器的厚重感。

与宋并存的少数民族政权中，辽国的金银细金工艺相对发达，受民族习俗影响，马具、酒具、葬具较多，造型、纹样受到汉文化的影响但比汉

图11-2 刻花金碗，唐代

族制品粗放、直硬（图11-3）。

元代南方金银细金工艺比北方发达，因技术精进和更多使用熔铸手段，形象更为逼真且精细耐看。名艺人朱碧山的出现，标志着金银细金工艺乃至整个手工艺行业名师名品效应的产生。一个时代的审美取向不再由某一个阶层作为单一的代表。随着名师名品的涌现，个性化产品增加，审美和文化特性更真实、全面地反映出时代和行业特征。朱碧山传世佳作银槎（图11-4）不仅代表他个人的造诣

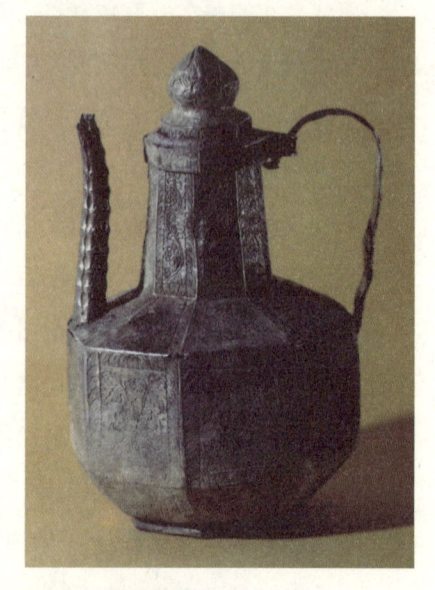

图11-3 八棱錾花执壶，辽代

图 11-4 银槎，朱碧山作，元代

第十一章 金银细金工艺

与水平，也反映出其时厌避政治、追求空灵及闲情野趣的文人处世之道对金银细金工艺的影响。

　　工艺制品的艺术特色与其技法紧密相连。审美时尚将带动与其相应的工艺手段。精密、纤巧、镂空是明人对金银细金工艺的追求。这种纤细的审美倾向使花丝工艺兴盛起来并发挥得淋漓尽致。同时也正是技法的娴熟至臻，更增强了人们对这种工艺的青睐，对玲珑剔透的艺术效果追逐不疲。两者相辅相成，形成了鲜明的艺术特色。清朝的金银细金工艺继承了明朝的繁复，但在华丽中又有别样不同，常与镶嵌工艺结合使用，满装饰，很少留空白；錾刻较多，纹饰显得立体、厚重；花丝不再如明朝那样追求玲珑剔透，而是注重工艺难度与视觉的繁复华丽。无论采用哪种技法与装饰形式，都力求华贵及寓意吉祥，有过于装饰和格式化的倾向。

二、原材料

　　金银细金工艺的原材料有以下几种：金属料包括黄金、白金、银、铜等；珠宝包括珍珠、宝石、翡翠、玉石等；焊药包括金焊药、银焊药、银蓝釉料以及其他化工材料、黏结材料等。

　　原材料须根据成品所要求的硬度、色彩、规格进行配料、熔炼、铸板、铸条、轧片、拉丝等初加工。片材和丝材从厚度与直径来分，各有43种型号。

　　黄金按纯度区分为纯金和K金。因其质软，通常须在纯金中加铜或银来提高硬度。K金即Karatage of gold的缩写。有9K、10K、12K、14K、18K、20K、22K等金种，纯金为24K。

三、工具设备

金银细金工艺所用工具装备有：锤子、钳子、镊子、锉子、錾子、掐丝板、搓丝木、搓丝板、膘丝棍、锥子、铁砂板、铁墩等二十余种以及拔丝机、轧片机、制链机、搓丝机、刻花机、冲床、擀床等现代机械设备。

四、花丝工艺

花丝是用一至三根金属丝按一定规则绕折或组合在一起，变幻出各种花纹的金属条带，其基本形制有以下几种：

1. 拱丝　把金属丝在两根并列的辅助细棍间按"8"字形回环缠绕，将两根辅助细棍抽出后，用压丝机压平就成为拱丝。经过整理加工，拱丝可有不同的形状。

2. 花丝　两根或三根圆形素丝并排平放在搓丝板上，用搓丝木压住往一个方向推，素丝就会像搓绳一样缠绕起来。向前搓的叫正花丝，向后搓的叫反花丝（图11-5）。

3. 竹节丝　竹节丝由扁平的素丝顺同一方向搓制而成，形状如同竹节。力度不同，搓的次数不同，竹节密度也不同。

4. 螺丝　把单根的圆形素丝按螺距缠在辅助丝上，缠好后撤除辅助丝即成螺丝，形如弹簧。

5. 祥丝　将圆形素丝顺同一

图11-5　花丝

个方向紧密地缠绕在另一根圆形素丝上，成型后中间的素丝不撤出。

6. 蔓丝 将扁平的素丝卷成漩涡纹，又称"旋罗纹"、"唐草纹"，常用于表现花蔓。一般用二方蔓丝连续排列，组成条状卷草纹丝，或用四方蔓丝组成块面装饰。

7. 麦穗丝 两组花丝，一组为两根素圆丝正向搓制，另一组为两根素圆丝反向搓制。将这两组花丝并行焊接即成麦穗丝。

8. 小松丝 根据需要的长度将螺丝截断，并将两端对接点焊即成小松丝，常用作花蕊。

9. 凤眼丝 选两根由两股圆素丝搓制成的花丝，其规格和搓制方向须相同。这两根花丝组合后按与原丝相反的方向搓制，搓制成为四股反拧丝，所以也称"反正花丝"。

10. 麻花丝 制作手法与凤眼丝相同，只是合搓时须按原丝方向，形成的纹理如麻花，故名。选正花丝向前搓的称"正麻花丝"，选反花丝向后搓的叫"反麻花丝"。

11. 小辫丝 把三股花丝按编辫的方式用手工编结。有的小辫丝选用四股或更多的股。

上面是最基本和常用的花丝品种，另如门洞丝、抿丝、起珠丝、坡棱丝等都是以上述花丝的某一种为基础而衍生的。实际制作时，可依据基本手法予以变化（图11-6）。

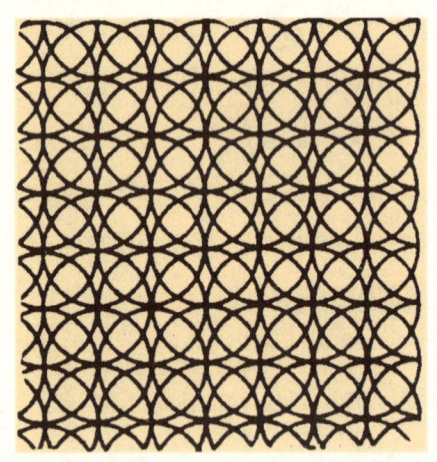

图11-6 套古钱纹样

（一）平面装饰纹样

线条状的花丝只能表现线状纹，很多大型产品需要面的装饰。常用的花丝品类通过不同方式的排列组合或编织手法，可以变化出许多连续面式纹样。

基本的平面纹样有：回纹、平填旋罗纹、套古钱纹样、套泡丝、拉泡丝、枣核锦纹、织席纹和灯笼空。它们选用的花丝并不复杂，只是组合方法不同。其他还有犬牙纹、龟背纹、方胜纹、方井纹、古钱纹等，多用来做底纹。

除了几何图案纹样，还有一些趋于写实的纹样。常见的有花卉类（牡丹花瓣、菊花瓣、槐花瓣、梅花等）、动物类（龙、凤、蝴蝶、蝙蝠、兔等）和山水、云朵、火焰等（图11-7）。

图11-7 桃花纹

（二）制作技法

1．堆

炭粉、白芨用水调和后，塑出设计稿所要求的基本造型。用白芨把花丝粘在造型上焊牢。此工艺适用于镂空作品，焊接必须一次成功，所以技术要求很高。由于胎体会烧化成灰只剩镂空的成品，所以又称"堆灰"。

2．垒

把两层或两层以上的花丝纹样通过粘接、焊接等手段叠加在一起。

3．编

将花丝或素丝用不同技法编织出不同纹理，如小辫纹、席子纹、灯笼空等。

4．织

采用经纬穿插的手法制作具备观赏性纹理的平面。

5. 掐

又称"掐丝"，适用于在平面以线条表现的平面纹样。重复的图案可以同步制作：把一定数量（根据实际需要决定，技术好的能多达十几根）的花丝或素丝平整、匀称地并排缠绕在棍棒上，用猪皮膘使之黏结在一起。干后按所需长度截断，用镊子将丝弯成规定的式样。再经火烧，褪掉猪皮膘，将分离的丝花一一粘在所需位置。

6. 填

用较粗的素丝掐制出图形的外廓，再用压扁的单股花丝或素丝制的纹样（如拱丝、花瓣、卷头纹等）填充在廓内，筛上焊药烧焊固定。

7. 攒

金银细金工艺品细腻、繁复，往往不能一次性完成，需分别制作再组合，称作"攒"。

8. 焊

焊接常穿插在整个制作过程中，是金银细金工艺不可或缺的辅助工艺。

五、镶嵌工艺

金银细金镶嵌工艺包括实錾、实镶两大类。

（一）实錾

实錾即錾刻，主要工具是锤子和凿子。錾刻用的锤子有不同的形制和型号；錾子的品类更多。

被錾刻的金属片需要垫在有一定柔韧度的底衬上才能进行：太硬的底衬无法使凹痕显现，太软的底衬又容易使金属片破损。錾刻所用垫胶是用白土、松香、花生油按一定比例配制的。做平片只需把胶塑成所需形状堆在垫板上,将金属片覆在胶上即可錾刻。如果在器体较薄的小口器物表面錾刻花纹,则将胶倒入器内待凝固后錾刻,錾后加热把胶倒出。有些器件须分别錾刻,再焊成完整的造型。

錾刻技法有阴錾、阳錾、平錾、镂空四种。平錾是在金属表面将图案线纹用錾的手段剔除;镂空是錾好图案后将底子錾除,形成镂空效果。

(二) 实镶

实镶即镶嵌,有嵌镶、包镶、爪镶、平脱和贴金等。嵌镶须在器体表面錾出图案,把金属丝填入凹槽,再经捶击、打磨而成。包镶须做出符合外形的包边,待放入镶嵌物后以包边包住。爪镶多用于戒指等,靠底托上的立柱固定所镶嵌的珍珠或宝石,如同用爪子抓住这些镶嵌物。平脱是将金箔或银箔剪成所需的图案,用胶漆粘贴到器物表面,再刷数道漆,干后打磨,直至金银箔露出。贴金是在器物图案上覆金银箔再捶打,使金银箔牢固地与图案贴合。

六、表面处理

金银细金制品须经表面处理才更完美。最常用的方法是镀金。在电镀出现以前则多采用传统鎏金工艺。

鎏金可以追溯到春秋战国时期。其法是把剪碎的金箔放入坩埚加热至600℃左右,加入水银成为金汞剂。把金汞剂倒入冷水内,成为糊状"金泥"。将金泥均匀涂刷在器件表面,用无烟的炭火烘烤使水银蒸发,金即贴附在制品表面。

七、花色品种

古代金银细金工艺制品有带扣、剑饰、印章、车饰、建筑装饰等类。现在的花色品种有首饰（簪、钗、发卡、耳环、耳坠、胸针、别针、项链、项圈、手镯、戒指、脚链等）、日用器具（杯、盘、碗、勺、筷、烟盒、打火机、烟灰缸、花插、瓶、罐等）、陈设摆件和日用配件。

八、历史上的代表作

1．鹰饰金冠顶、金冠带　1972年出土自内蒙古杭锦旗阿鲁柴登匈奴墓，属战国时遗物，现藏于内蒙古自治区博物馆。半球形冠顶錾饰四组狼羊对卧图案。顶饰鹰体为空心錾纹金片。头、颈为两块绿松石，由金丝与鹰体连接，可左右摆动。尾部也可摆动。冠带由三条半圆形金花带组成，纹饰有虎、马、羊、绳纹等。整件作品集錾刻、压印、宝石镶嵌、拉丝等工艺于一体，反映了该时期草原民族金银细金工艺的高超水平（图11-8）。

2．金兽　1982年出土自江苏盱眙县，为西汉遗物，现藏南京博物院。该制品由铸造而成，最引人注目的是兽身通体錾刻的肌理纹饰。

3．金饰　1981年出土自山西太原市北齐娄睿墓，现藏山西省考古研究所。该饰件采用压印、錾刻、镂空技术完成底托，再镶嵌珍珠、玛瑙、蓝宝石、绿松石、贝壳、玻璃，尽显斑斓与华美（图11-9）。

4．镂空银薰球　1970年出土自陕西西安市南郊何家村唐代窖藏，现藏于陕西省博物馆。球体满饰镂空缠枝纹。无论薰球如何转动，其内的半球状盂都朝上，是一件金银细金工艺与机械技术结合的珍品。

图 11-8 鹰饰金冠顶和金冠带，战国

图 11-9 金饰，北齐

第十一章 金银细金工艺

5. 鎏金银盘　1981年出土自江苏溧阳县小平桥宋代窖藏，现藏镇江市博物馆。该盘用錾刻形成高浮雕。模仿木雕、漆器是宋代金银细金工艺的一大特色，此盘的瑞果纹饰也是当时的流行款式。

6. 缠枝花果金饰件　1959年出土自江苏吴县吕师孟墓，现藏南京博物院。元朝把高浮雕錾刻经由焊接的襄助推向极致，增添了玲珑感。

7. 楼阁人物金簪　1958年出土自江西南城县明益庄王朱厚烨墓，现藏中国国家博物馆。追求线条之细与整体通透，促进了花丝工艺的发展。该制品的工艺重点已从錾刻转向了花丝（图11-10）。

图11-10
楼阁人物金簪，明代

8. 金瓯永固杯　北京故宫博物院藏品。该制品引人注目的是夔龙耳、象首足的处理，以及珍珠、红蓝宝石的大量镶嵌。清皇室爱好以繁复纹样和珠宝镶嵌来展示皇家的至尊。

九、上海老凤祥和通州花丝厂

清末以来，北京、上海、广州、苏州等地的金银细金工艺成为这一行业的翘楚，尤以通州花丝镶嵌厂和上海老凤祥银楼为最著名。

通州花丝镶嵌厂集合了北京地区的高手，作品雍容华贵，富丽堂皇，具有宫廷艺术的特色，也随时代发展而有所创新。如由北京工艺美术大师白静宜设计、王再高制作的凤鸣钟，以传统的丹凤朝阳为意象，但把太阳变换为钟表，使之兼具实用功能。该钟综合使用了黄金、白金掐攒、垒堆、焊接及白钻镶嵌等技法，精工细作，1983年荣获东南亚钻石首饰大赛优秀设计奖。因体制和经营的原因，该厂已于20世纪90年代歇业，部分艺人个体经营或转业，对行业发展是有不利影响的。

上海老凤祥银楼是著名的老字号，其前身是1773年开业的杨庆和银楼，道光二十八年（1848）改名为凤祥银楼，从业人员曾达百人（图11-11）。1952年改称上海金银饰品店，1985年改用今名。1996年建立股份公司，现有员工1280名，拥有中国工艺美术大师6名，中高级艺人和技术人

图11-11　老凤祥银楼

员近200名，在全国有近千家网点，年销售额达40亿元，成为本行业实力最雄厚、技艺力量最强的领头企业。

老凤祥技艺全面，垒丝、镂空、焊接、打磨、捶鍱、范铸、錾刻、旋切、编织、错镶、炸珠、鎏金无一不精（图11-12、图11-13）；地处十里洋场，既汲取了传统工艺的精华，又与时俱进，设计制作富有时代气息，所制精品屡获国内外大奖和被博物馆珍藏（图11-14、图11-15）。该公司已有235年的历史，从费汝明起，历经费祖寿（第二代）、费诚昌（第三代）、陶良宝、边炳生（第四代）、张心一（第五代）到沈国兴、吴倍青已传承六代。张心一1972年学艺，师承陶良宝和边炳生，现为中国工艺美术大师，全国劳动模范，"五一劳动奖章"获得者（图11-16），所作多件精品体现了当代金银细工技艺的顶尖水平（图11-17），伴随着国民经济的提升和民众生活水平的提高，以老凤祥为代表的金银细工制作技艺当有更广阔的发展空间。

图11-12　工具

图11-13　錾凿

图 11-14 龙华塔

图 11-15 －老式汽车模型

图 11-16 老凤祥第五代传人张心一

图 11-17 龙的传人，作者张心一

第十二章

斑铜和乌铜走银技艺

斑铜是云南的特产，因其表面有斑驳陆离、金红交错的结晶斑纹而得名，按制作工艺分为生斑和熟斑两类。乌铜走银是在黑如乌金的底子上鎏雪亮的银子，黑白交辉，美轮美奂。两者因工艺和艺术效果独特而受到重视，但民间对其技术保密，少有文字资料介绍。李晓岑多次到云南会泽、昆明等地实地调查和访谈，本文即按调查资料整理而成。

一、生斑

生斑起源于明末清初的会泽、东川一带，至今已有300多年的历史。民间艺人将偶尔发现的含有其他金属结晶的自然铜块锻打成片状再加工制成花瓶、香炉一类工艺品，由于采用天然自然铜制成称为生斑。

生斑在古籍中少有记载。清吴大勋《滇南闻见录》称："自来铜不可经火，须生锤成器。如锤成炉，则宝色倍于寻常之炉。如锤成镯，常佩之可以已遗症。体中有病，则铜之色预变黑黯，若经火者不能也。铜内有砂土夹杂，锤之易于折裂，难于光润，须加功磨洗。可悟生质之美者，不学则亦无以自成耳。"这里的自来铜即自然铜，用自然铜锤打应为生斑。这种产品容易变黑，这也是生斑的特征之一。又说生斑不能经火，可能是早期生斑铜器的制造方法。

民国《续修昆明县志》卷五称"锤造炉瓶成冰形斑斓者，为斑铜器"，因系锤造而成，应是生斑。

清代以后，生斑制作以会泽铜匠街名声最大，张姓铜匠的斑铜技艺更是名噪一时，海内外客商纷纷来购买。现铜匠街仍有张家传人，据说其祖籍为南京，清康熙年间来到会泽，至今从事生斑工艺已有12代。

生斑的原料是用东川、会泽一带的自然铜。制作有数十道工序，但主要是以下几个步骤：

1．选料和净化　选出自然铜中的精华，把其中的石头、碴子等用凿子剔除。

2．锻打成型　在砧子上用铁棒和锤反复锻打自然铜使之成团状，再打成器皿初坯。

3．烧斑　选用上好栎炭（俗称刚炭）堆成大堆，将工件埋置其中，让自然烧炼，通风、升温和时间都要求很严（图12-1）。

图12-1　烧斑

4．整形　烧斑后，用锤锻打整形，在旋床上刮料修饰，之后还要经过数十次反复烧斑和锻打整形。

5．煮斑、提斑和露斑　先作煮斑处理，再提斑作色。作色的药方是祖传的。

6．打磨　用炭粉在器物里外打磨，最后洗去黑灰得到成品。若有不同的部件，还要组合、焊接。

斑铜制作是保密的，以上工序只是凭工匠介绍，调查时并未亲见。制作的工具装备有脚踏式旋床、铁砧、自制木风箱、小铁锤等。脚踏式旋床上有一个附件，可把铜坯粘在上面加工。

生斑工艺品制作周期长，往往要一个多月甚至更长时间。一般是师傅掌钳子、烧斑，徒弟做平锉、打磨等下手活。由于材质较脆又要经锻打才能成型，所以废品率很高，稍不注意则前功尽弃。烧斑是生斑制作的关键，温度过低，原料中的成分无法结晶，过高又被熔化。所以，烧斑操作秘不示人，外姓徒弟也不得见。

生斑制作实际上是一个再结晶的过程，即在烧斑时使自然铜所含其他金属成分的细小晶粒（"孪斑"）长大。从金属物理的角度看，通过加温煅烧等手段使自然铜中的孪斑再结晶，得到的是大小不匀的晶粒。由于大小晶粒之间能量差异悬殊，大晶粒吞并小晶粒而愈长愈大，从而得到异常粗大的晶粒。我们见到的云南生斑铜器其晶粒长度达4～5毫米以上，这在金属物理中曾有成功的尝试。而云南民间通过工艺操作能使金属晶粒长大，值得进一步研究。

生斑制品的特点是较薄，有焊口，斑纹较小，呈黄色，呈棱斑，有锐角，天然构成，有很好的折光性和立体感。由于其色彩瑰丽斑驳、金黄交错、铜中透斑，加上做工精湛，造型浑厚古朴，使其有很强的艺术魅力，充分体现了滇铜之美（图12-2）。然而，生斑铜遇手汗很容易因氧化而变黑。

图12-2 生斑制品

生斑产品主要有鼎、烟具、花瓶、罐、香炉以及仿古器皿，现在又开发了一些动物装饰品。其中尤以"水漂炉"最为著名。此种香炉能放在水中浮而不沉，是清代进贡皇宫的珍品。

新中国成立前，生斑工艺品就很昂贵，部分半成品售给昆明著名商号"亮货行"，再由"亮货行"修饰加工、配上部件转售省内外。经"亮货行"加工的斑铜工艺品，在造型上往往胜于会泽铜匠，有时四川峨眉山、昆明圆通寺等有名佛寺也来会泽订做香炉、佛塔。

由于自然铜越来越少，原料奇缺，只在雨季发洪水时才偶尔被冲下，所以生产上难以形成规模。加上铜匠街张家的生斑技术作为绝技保密，传男不传女，传子不带徒，20世纪40年代以后这一技术已濒于失传。20世纪90年代，为发扬民族文化，政府部门曾予支持而稍有恢复，但终因原料太少，难以为继。

二、熟斑

由于生斑原料太少，20世纪初昆明一带的铜匠又创制了熟斑工艺品，至今约有100年的历史。

熟斑是在熔化的纯铜中加入适当比例的其他金属，在"混而不合"的状态下，经浇铸成型、磨光、用化学药品着色显斑等工艺处理而成。熟斑产品较厚重，无焊口，斑纹的花型较大，呈红色。由于采用铸造方法，成型性能好，品种多为花瓶、香炉、墨盒和动物造型。

民国初年，昆明地区斑铜工匠云集，出现不少制作营销斑铜工艺品的作坊和商号。早年福照街"宝鸿号"所制斑铜很有特色，曾做三座"九龙鼎"，由有识之士收藏。文庙街"造化庐"以制作神佛像见长，其得意之作"关圣像"做工考究，造型优美，色彩斑斓。当时的文献对斑铜也有记载，如民国《新纂云南通志》卷一四二说："铜之本色为红铜，工人制为斑铜、古铜、黄白铜。"

熟斑艺人无论行业制度还是原料辅料选择都有许多规矩，如用水要雪水，辅料要某地的绿矾等。1915年，斑铜工艺品在巴拿马国际博览会上获奖。

新中国成立时，斑铜艺人均属个体经营。1958年后出现企业形式的斑铜生产组织，集中了一些精于占花、铸造、着色的老艺人，开始趋于专业化，品种逐渐增多。因须作为礼品馈赠国宾，"文革"时仍维持生产，在云南传统工艺品中可说是硕果仅存。1980年后，建立云南斑铜厂专门生产熟斑铜工艺品，现已成为云南著名的传统工艺企业。

熟斑铜制作有七道主要工序：

1．造型设计　用泥、蜡、石膏等材料创作造型，一般由美术工作者完成。

2．翻模　将造型用石膏翻制模具，批量大的产品采用合金模具。

3．做蜡模

4．铸造

5．焊接组装　复杂铜件需组装的可分别进行浇铸加工，然后以铜、银、锡焊接，也可冷铆或者热铆。

6．整形　将铸件打磨、粗锉、细锉、抛光，起到出形、光洁的作用，有的还需镂空雕刻和焊接组装。

7．表面着色处理　用化学药品或其他有机物浸泡与加热以显现铜斑。这是熟斑制作的技术关键，又称"显斑"。

"显斑"即表面局部着色。这是一种化学过程，而不是生斑的金属物理过程。熟斑的斑纹可大可小，有梅花纹、片状斑、锯齿纹、细花纹、颗粒状纹等，称为"斑花"。各种"斑花"纹饰的形成，全靠配方和技术操作的熟练程度。斑铜因纹饰的不同，其收藏价值有异，如梅花纹的收藏价值就很高。熟斑的"斑花"多呈红色，有樱桃红、粉红、紫红、古铜等色。其中以樱桃红为最佳，但技术要求高，不易得。除红色外，还可形成青蓝、板栗、菜叶绿、茄紫、黑等色。这对传统铜器的着色方法是一个重要的补充。

目前熟斑已发展到数百个品种，包括动物、人物、花卉、瓶罐、炉尊、壁饰、器皿等六大类。熟斑珍品有铜牛虎案、孔雀、犀牛、如来佛像等。以前一年只生产几百件，现在可达7000～8000件，年产值数千万元，为云南的标志性工艺品。

生斑和熟斑的主要区别在于生斑有很强的折光性，在不同的角度光线有变化，而熟斑则没有折光性；生斑的斑点有立体感并闪烁耀眼似镶入赤金色的晶体，自然而晶莹。熟斑须着色才能显斑，斑点无立体感而色暗；生斑是锻打而成，熟斑是铸造而成；生斑的尺寸受限制，熟斑的尺寸则可大可小。作为工艺品，生斑的价值要高得多，熟斑只是生斑的一种不得已的代替品。

三、乌铜走银

乌铜走银始于清雍正年间，为滇南石屏县岳姓所创，至今已有200多年的历史。

云南很早就出现以金和铜化合而成的乌铜器。清代《云南风土记》有大理出产"乌铜"的记载。民国时期乌铜走银的记载较多。如《石屏县志》卷十六说乌铜是"以金及铜化合成器，岳家湾产者最佳。按乌铜器始惟岳姓能制，今时能者日众，省市肆盛行，工厂中有聘作教师者"。《续修昆明县志》卷五称"其造墨匣及小件炉瓶，质如古铜，而花纹字画以银片嵌入者，则为乌铜器，且又有乌铜走银器之称"。民国《新纂云南通志》卷一四二记载了乌铜走银器的工艺："乌铜器制于石屏如墨盒、花瓶等，錾刻花纹或篆隶正书于上，以银屑铺錾刻花纹上，熔之，磨平，用手汗浸渍之，即成乌铜走银器，形式古雅，远近购者珍之。"

据近年来查阅有关资料及匠师和艺人的访谈，得知乌铜走银的制作工艺如下：

1．炼制乌铜　用优质铜和一定比例的黄金熔炼成乌铜，然后以锻打、碾压等法做成乌铜片。

2．刻图案　在乌铜片上用手工描绘图案纹样或文字，再用錾子刻出。

3．填银屑　用银屑填充图案，以"走"满为度。经化学处理和热处理，使银线与乌铜熔为一体，此为乌铜走银的技术关键。

4．成型　加工成型或将做好的乌铜片焊接组装在已制铜件相关部位上，使其成为完整的器物。

5．抛光　手工打磨，抛光。现多用砂纸或砂轮作抛光处理，最后用手掌捂起，边捂边擦。通过长时间的手汗侵蚀作用，使乌铜器表面氧化呈乌黑发亮的状态。

从技术角度来说，把银走到铜上确有相当难度。因银的熔点为960℃，与铜只有130℃的差异，若铜中有锡，熔点还将降低。这样，当银熔化时铜也面临熔化。民间艺人制作乌铜走银历来秘不外传，石屏岳家只传儿子和媳妇，不传女儿和女婿。

乌铜走银技术的另一关键是表面光泽的形成。北京科技大学韩汝玢曾研究乌铜走银工艺，发现铜金合金在弱有机酸溶液中浸泡，表面可形成致密乌黑有光泽的氧化膜，经X射线分析证实是一种氧化物。可以认为乌铜表面发黑是由于形成某种氧化物所致，氧化膜的光泽是金元素起作用。

乌铜走银的原料配方，从文献可得到线索。清代和民国时期乌铜走银器被带到西方，其着色技术引起欧洲化学家的重视并进行成分分析，结果表明除铜和金外，还有少量其他元素渗入。

乌铜走银制品多为花瓶、笔筒、墨盒、烟斗等，图案有八仙过海、梅兰竹菊、花鸟虫鱼、龙凤鹿鹤等。民国时的作品刻工纤细，刀法纯熟，雍

图 12-3 乌铜走银制品

容华贵，具有很高的观赏性，深受文物和收藏界重视（图 12-3）。

民国时期，石屏岳氏在昆明文庙街开设铺店进行生产，但以后因原料不足，渐渐凋敝。1959年，政府部门曾请乌铜走银传人苏继承生产乌铜器皿，以后又组织艺人在云南斑铜厂从事生产。昆明工艺美术研究所的艺人杨用宾制作的乌铜走银"大观楼"画屏，曾陈列于北京人民大会堂云南厅。20世纪70年代，昆明斑铜厂曾作乌铜走银与斑铜相结合的尝试，如《孔雀冥王》上有斑铜和乌铜，乌铜上还有银和金的图案。这件工艺品被轻工业部作为珍品收藏。一般认为，乌铜走银工艺品以新中国成立前岳家生产的质量为最好，由于岳家绝后，有的关键技术可能已失传。

第十三章

金箔和锡箔制作技艺

箔在汉语中意为帘子和席，如白居易《长恨歌》："珠箔银屏迤逦开"，韩愈《晚秋郾城夜会联句》："春蚕看满箔"。箔通薄，如"帾薄"。《史记·绛侯周勃世家》称："勃以织薄曲为生。"蚕薄即养蚕用的竹编的席。传统的金箔锻制技艺称为"薄金"，所得成品习称金薄、金箔，如以银为原料则称银薄、银箔，此外又有锡箔。

我国早在商代已能锤制厚仅 0.01 毫米的金箔，有的还压印有夔龙纹、饕餮纹，贴附在铜器或木器上作装饰用。西周和春秋战国时期这一工艺得到沿用。如湖北随县曾侯乙墓出土的马饰和山西长治分水岭战国墓出土的车具上都饰有金箔。至迟在西汉中晚期又兼用银箔为饰，如湖北光化汉墓出土的漆盒。隋唐以降佛教兴盛，许多佛像须装金即贴金箔。如唐宪宗元和十四年（819）在法门寺迎佛骨："其宝刹小者高一丈，大者二丈……其上遍以金银复之。"唐代已有将金箔制成金皮纸再捻成金线的工艺，如秦韬玉诗："苦恨年年压金线，为他人作嫁衣裳。"将金银薄片用漆黏附在铜镜上，空白处填漆，再打磨推光使现出纹饰，即是唐代著名的金银平脱镜的制作技法。

宋元时期有戗金银法，是在漆面刻镂花纹，内戗金、银箔。元陶宗仪《南村辍耕录》记嘉兴斜塘杨氏擅戗金戗银法："凡器作什物，先用黑漆为地，以针刻画……然后用新罗漆。若䫆金，则调雄黄，若䫆银，则调韶粉。日晒后，角挑挑嵌所刻缝罅，以金薄或银薄依银匠所用纸糊笼罩，置金银薄在内，逐旋细切取。铺已，旋漆上，新绵揩拭牢实。"

明清时期在器物和家具漆底上贴金箔为饰，应用甚广。所谓"罩金髹"，则是先贴金箔再以漆罩，如故宫太和殿和乾清宫的宝座、屏风都用此法装饰。

《天工开物·五金第八》详述薄金工艺："凡色至于金，为人间华美贵重，故人工成箔而后施之。凡金箔每金七分造方寸金一千片，粘铺物面，可盖纵横三尺。凡造金箔，既成薄片后，包入乌金纸内，竭力挥椎打成（打金椎，短柄，约重八斤）。凡乌金纸，由苏杭造成。其纸用东海巨竹膜为质，用豆油点灯，闭塞周围，只留针孔通气，熏染烟光而成此纸。每纸一张打金箔五十度，然后弃去为药铺包朱用，尚未破损，盖人巧造成异物也。凡纸内打成箔后，先用硝熟猫皮绷紧为小方板，又铺线香灰撒墁皮上，取出乌金纸内箔复于其上，钝刀具划成方寸。口中屏息，手执轻杖，唾湿而排成，夹于小纸之中。"

清迮朗《绘事琐言》也记述薄金工艺称："首焙金，次凿碎为米，捶扁成片，夹以乌金纸，取其滑而不滞也。护以炉中炭灰，取其燥而不润也。百层为一束，束以线，捶以木椎，勿太重亦勿太轻，轻重不均则厚薄不称。捶至寸许大，谓之开荒。停一日，俟其冷也。层层揭开，易乌金纸，添炉灰，仍以线缚，捶至四寸余宽则成矣。捶初停，中热如火，不可立解，解即化为珠，须一二日冷定乃可开也。开时见风，则金皆飞去。必窨室中四壁纸粘，一人以木尺许竖于下，方板五六寸横于上，涂板以粉，上铺狗皮炭火一盒，时熏其板，防湿气沾金，虽六月不废也。皮上置金薄，竹刀切方为八块或四，大者三寸三分，小者一寸一分。夹以白纸，十张为帖，千帖为一箱，是名金薄，俗呼飞金。"

从下文所述南京和福建地区的金箔锻制技艺，可知其与《天工开物》、《绘事琐言》所述是一脉相承，甚至在许多细节上也是相同的。这是经千百年无数薄金匠师智慧、技能与经验凝结而成的瑰宝（图13-1、图13-2），其中蕴含着珍贵的科技基因，是符合科学原理并通达古今的。

图13-1 用金箔装饰的寺庙

图 13-2　用金箔装饰的佛像

一、南京和福建地区的金箔锻制技艺

薄金之技在近代仍流传于北京、南京和浙江、福建、广东等省市,现今则以南京为主产地。

南京有十朝古都之称,曾长期作为政治、文化的中心,经济发达,交通便利,又是著名的佛教胜地。早在东晋及南朝时期佛教就盛行此间,所谓"南朝四百八十寺",众多庙宇建筑及佛像须用金箔为饰,促使薄金业在此地形成和兴盛。

位于南京东北郊、濒临长江的栖霞区龙潭一带,被公认为南京金箔的发源地。目前最大的金箔厂南京金线金箔总厂和20世纪80年代才迁往江宁区东山镇的江宁金箔集团公司都在栖霞起家,也都是制作金箔的主要厂家。据老艺人回忆,南京打金箔最早是在马巷一带,从业者都是龙潭人。从清末到20世纪50年代初,龙潭周遭的六子桥、四段圩等多有一家一户的金箔打制作坊。又据民间传说,薄金技艺是葛仙翁(葛洪,祖籍江苏句容,东晋时人,炼丹家,著有《抱朴子》一书)发明的。他和吕洞宾为给佛像贴金,于龙潭比试锤金为箔。他的技艺高于吕洞宾,后来就传了下来。

金箔的打制须经过多道工序,其主要工序如下:[①]

1. 熔铸 金箔的成色有98金、88金、77金、74金等。以98金为例,它是用四九黄金(即含金量为99.99%)为原料,按98%的含金量配以2%的银和铜,金属料置坩埚中,在炉中加热熔化,有时需加入硼砂造渣,然后在铁质模具中铸成金条(25厘米×3厘米×1厘米),用它打成的金箔称作库金。

[①] 本文有关金箔锻制技艺的论述系以南京金线金箔总厂的调查资料为主,参照陈允敦、李国清《传统薄金工艺及其中外交流》一文,《自然科学史研究》,1986年第3期。

2. 锻坯和拍叶　将金条锻成厚约8丝（0.08毫米）的坯片，再锻薄和裁成16厘米见方的金叶子。拍叶使用的锤子称为拍叶锤，铁质木把。拍叶时要求金叶清亮，锤花（锤痕）细。锻打过程中，须间或加热以消除加工硬化。福建地区在加热前要用浓茶水浸泡箔片、除渍，防止箔片黏结。所得金叶以120张为一作（福建则以112张为一作）。

3. 做捻子　用竹刀将金叶裁成1厘米宽的捻子，每作有捻2048个。

4. 落金开子　将10厘米见方的乌金纸加热，便于装入捻子后能使其快速延展。

5. 沾捻子（在福建地区称作"旦研"）　用指尖或镊子将捻子放入乌金纸夹层内，以2048个为一包，其外用纸包封。

6. 打开子（福建地区称作"打开"）　把乌金纸包裹的捻子打得更薄更开（图13-3）。

7. 装开子（福建地区称作"装开"）　开子薄不经风，须用鹅毛借着口风将箔片挑起，放入比开子约大四倍的乌金纸内，俗称"家生"（图13-4）。

图13-3　打开子 　　　　　图13-4　家生

8. 加热控温　将装好的开子放入炉内控温约半小时，以消除加工硬化和免受外界温度影响。

9. 打了细（福建称作"打四"）　继续捶打家生纸包，其间须更换层位，避免中间的金箔打不透。此时的金箔已延展至10厘米见方，厚约0.12微米

（1微米为0.001毫米）。

10．出具（福建称作"出柜"）　用鹅毛借口风将金箔挑起，放到毛边纸上（图13-5）。福建地区是用镊子挑起金箔，置于20厘米×20厘米的毛边纸上。

11．切金箔　用竹刀将金箔裁切成方形。

图13-5　出具

12．包装　以一寸见方的金箔成品为例，每一万张仅重25克。

乌金纸是锻制金箔的关键用料，制作极为考究。它取材于浙江山区的一种竹叶，须在地下埋数年。取出后，用石锤捣烂制成纸张，又称五伏纸。用豆油灯熏烤瓦片，待形成炭黑后，刮下，再和植物胶混合，涂在纸上烘干并滚压使平整。这样做成的纸，表面极光滑油亮，金片夹入其中能很好延展。因色黑且亮，故称乌金纸或匿纸，如《南村辍耕录》所说："御前拓者多用匿纸，盖打金银箔者也"。目前，乌金纸产地仍限于南京和浙江绍兴一带。

金箔的锤艺是有讲究的。打开工序须两名工匠对坐。上手掌小锤，执掌翻纸、移位等技术要领，要求"叠得起、推得着、吃得开、喂得进"。下手抡大锤，重八斤，要求"举锤擦耳，落锤擦胸，上下一线，锤正鼻梁"。开子的技术标准是要打得均匀，呈蟹壳状。

打了细的石礅，礅面呈棱角状。早四拆锤即每打约45分钟拆开家生，冷却约20分钟，将上半部分和下半部分倒换，重新包好扎紧，如此反复拆打四次。下三拆锤则是因箔减薄须减锤，每打约半小时拆包使冷却，如此反复三次。这样七路拆打，一包家生要打三万锤，工匠的劳苦可知。

切箔用的衬具称"皮板"，南京地区依《天工开物》旧法用硝熟的猫皮绷紧制成，上撒香灰。福建地区用麂皮制成，上撒滑石粉。做法不同，效果是一样的。

金线的制作也有多道工序：

1．做基纸 选上好毛边纸切成90厘米×23厘米的纸条，用沸水烫熟，叠置后以石条压出水分，再用木锤捶打（图13-6），做成二合纸（两层纸叠合在一起）和七合纸。前者较薄而软，用作圆金线的基纸，后者用作扁金线的基纸。

图13-6 打纸

2．做粉 用红粉、白土、菜油、骨胶做胶，刷在基纸上以黏合金箔，要求"不清、不稠、不砂"，"胶要不多不少"。

3．背金 将金箔黏附在基纸上。

4．担金 背了金的基纸须晾在竹竿上，每竿10张，两竿为一尚，两尚相当于一包金箔的量。晾时，金面要向外。

图13-7 砑金

5．熏金 金线大都用银箔制作，用烟熏后成淡金黄色，习称"淡金"。

6．砑金 用雨花石珠头将金纸砑出光泽（图13-7）。

7．切金 用刀将砑好的金纸切金线。

8．包装 经检验后，以60根金线为1片，20片为一吊，4吊为一尚，2尚为一包。每包金线有9600根。

9．做线 圆金线是将金线缠在芯线上做成的。芯线有5种规格，从

图13-8 搓金线　　　　　　　　　图13-9 金线

一股到5股，逐股加粗，分棉芯线和丝芯线两种。圆金线是在旋转的锭子上缠绕金线（图13-8、图13-9），然后由摇机摇成框线。

10．检验、包装和入库

熏金的做法比较独特，熏箱备有多层抽板，金纸放板上，箱底放一盅料酒，点燃后生烟，又以木香和硫磺拌匀作为熏料，使银箔在烟和香料、硫磺的熏染下变色。

金线用于高级服饰的织制，如唐法门寺佛塔地宫即出有夹织金银衣物。元代在南京设织染局掌作织金锦。明代云锦的著名品种有金宝地妆花锦。明清宫廷、贵族、官吏多用金线织成的缂丝和绣品，主要出自南京、苏州、杭州的三大织造，需要量很大。所以，以上三个地区在历史上成为金线的主要产地，而今仅南京栖霞完整保存这一工艺。

据南京金线金箔总厂调查，民国初年从事制箔的艺人有韩兴贵、印福成、王兴玉、印福家，金线艺人有陈广仁、李国华、王首金、谢生辉、李国兴。20世纪二三十年代的制箔艺人有刘兴国、郭义发、郭义顺，金线艺人有陈国华。牟长松于1954年创办江宁金箔厂，这一期间的制箔艺人有夏厚鑫、张正春、龚隆源、夏建忠。50年代出生的打箔老艺人，有梅正华、武廷奎和顾广富等。

金箔锻制工序繁多，技艺要求至为严格，待遇低，又是重体力活。目前艺人渐渐老去，年轻人从艺者甚少，尤其机械化制箔工艺尽管质地不如传统产品，但因生产率高、价廉，对传统技艺形成很大冲击，近年南京龙潭新开设的金箔厂多达70余家，多用机器制箔。在这种情况下，如何保护传统金线金箔制作技术是一个需要研究的问题。这项技艺已于2006年6月列入第一批国家级非物质文化遗产名录。南京金线金箔总厂拟在地方政府支持下，加强老艺人的保护，建立完整档案，提高他们的待遇，培养新一代制箔制线骨干，并筹建展示场所。金线与云锦关系密切，云锦的保护、开发也将对金线的发展起到积极作用。

二、锡箔锻制技艺[①]

锡箔多用作冥锭，将方形的箔贴在黄表纸或土纸上，折成元宝形，俗称金银纸或纸钱、纸元宝。它的用量很大，江、浙、闽、粤等省历来有众多作坊世袭其业，还有大量平民以此为家庭副业从事半成品的加工。《杭州府志》称："锡箔出孩儿巷贡院后及万安桥西一带，造者不下万家，三鼓则万手雷动，远自京师列郡皆取给焉。"又说："按金锡非杭产，而金箔、锡箔之作悉出于杭。贫户妇女借研箔纸以度生者，城内外十有九家。"据调查，泉州晋江沙圹村王氏家族系从南京乌衣巷迁来，从事锡箔锤制已历24代，其艺传自石师镇埔仔村外家，至今已有500多年。该村几乎家家户户参与锡箔制作，年产百吨，远销港、澳、新加坡、菲律宾等地。福州和厦门都有打锡巷，为锡箔作坊集中所在。厦门还有钱炉灰埋横巷，是回收冥锭灰的地方。

以沙圹王家所用技艺为例，须经多道工序，主要是：

1. 铸锭　在家用炉灶上置锅化锡，用松香造渣，锭重约25千克。

[①] 李国清、陈允敦：《中国历史上锡箔的特殊用途和传统制作工艺》，《自然科学史研究》，1988年第1期。

2．冶牌　重熔锡锭，加粗糠造渣，待液面明净即可浇注坯件。铸范有石质、铁质两种，为单面范。铸得的坯件称为牌仔锡，长5厘米，宽2厘米，厚约0.2厘米，一次铸二片。

3．剪牌　剪去浇冒口，得到符合规格的锡片。之后，进入"下手"即开坯工序，包括蒸箔共计十道。

4．打三寸　将多层锡片叠打，以糠灰为分离剂。锤后的锡片约长20厘米，宽8厘米。将其置竹笼中蒸2~3小时，以消除加工硬化。取出后须翻揭，避免片间粘连。以下打四寸、五寸、六寸诸工序，均须采取同类的蒸、揭操作。

5．打四寸　以120张锡片为一把置砧上捶打，再以两把合成一头捶打，成为长25厘米、宽13厘米的薄锡片。

6．打五寸　以头为单位施锤再以两头合为一袋续打，捶成长40厘米、宽15厘米的锡叶。

7．打六寸　以袋为单位施锤再以两袋合为一周续打，捶成长50厘米、宽20厘米的薄锡叶。

8．成生　以周为单位施锤再以两周合成一叠续打，成为长56厘米、宽21厘米的厚锡箔，每叠2240张。

9．折生　将厚箔裁切成55厘米×20厘米的长方形箔，再裁成27.5厘米×20厘米的锡箔，之后进入"顶手"即精锤工序，包括焙箔共计7道。

10．头节　将厚箔捶成40厘米×28厘米的头遍箔，置烘灶铁板上烘2~3小时，烘烤温度约100℃，称为头焙。烘后也应逐层翻揭，重新叠齐。以下头云、二云都要烘焙，称作二焙和尾焙。

11．头云　将头遍箔捶成40厘米×28厘米的二遍箔。

12．二云　将二遍箔捶成45厘米×32厘米的尾箔。

13．箔尾　将尾箔置砧上，在砧的牛皮垫上加成叠的毛边纸，捶成约49.3厘米×34厘米的锡箔，每箔厚仅0.7微米。

14. 却箔　检验，去除废品。

15. 切箔　切时要松弛，勿粘连，成品尺寸为48.3厘米×33厘米。

16. 包装　每包420张，重500克，用纸包封。

　　以上可见，锡箔虽价廉，制作工序却十分繁复和讲究，丝毫马虎不得。它的捶制工艺是合乎科学原理的。由于变形的渗透力度，每层箔片均可均匀变薄。锡在100℃时塑性最好，大于150℃则变脆。以水蒸气作为蒸箔的介质可将热处理温度控制在100℃左右，是一种简易可靠的恒温处理方法。手工捶制的锡箔厚仅0.7微米或稍厚，现代经精轧的工业用锡箔厚度为15～25微米。之所以有此差别，是因为箔的轧制厚度取决于机件的最小弹性形变量。锡的屈服强度极限仅1.2公斤/毫米^2，而现代轧机难以给出如此低而稳定的张力。因此，迄今为止，传统的极薄型锡箔仍只能由手工捶制获得。[①]

　　尽管锡箔历来主要用作冥锞以寄托亲友们对逝者的哀思，从而长期以来被视为封建迷信用品，不被关注甚至被排斥挤压。但作为历时千年、传承有序且在可见的未来还会长期延续的传统技艺，仍有其历史价值和科学价值，有必要通过调查研究、记录立档以适当方式予以保存和保护。

[①] 参见王克智《中国传统锡箔加工技术》，第2届金属早期生产及应用国际会议论文，1986年。

第十四章

芜湖铁画

以锤为笔，以铁为墨，以砧为纸，锻铁为画，芜湖铁画作为一种具有独特风格和技法的艺术品类，以工艺精湛、匠心独具、鬼斧神工、气韵天成著称于世，为人们所喜爱和珍赏（图14-1）。

芜湖历史悠久，在春秋时期是吴国的鸠兹邑，自古以来就是长江流域的重要商埠，为中国四大米市之一。芜湖的冶铁业十分发达。明清时期钢坊林立，以灌钢术制作钢条，质量优良，行销全国各地。因钢材贸易发达，许多晋商在此设立票点。除盛产钢材外，铁工技术亦很高超，所锻菜刀、剪刀、剃刀号称芜湖三刀。故《芜湖县志》称此地"惟铁工为异于他县"，民谚则称："铁到芜湖自成钢。"这是芜湖铁画得以在这里发源和发展的物质技术基础。

图14-1　山水

芜湖铁画始于清康熙年间，至今已有340余年的历史。创始者为铁工汤鹏和画家萧尺木。汤鹏，字天池，江苏溧水人，居芜湖，以锻铁为生。萧尺木，名云从，芜湖高士，新安画派姑熟系的创始人。《芜湖县志》所载《铁画歌序》称："汤天池与画家为邻，日窥其泼墨势，画师叱之。鹏发愤因锻铁为山水幛、寒汀孤屿，生趣宛然。"新安画派姑熟系的萧尺木、汤燕生、方兆僧、韩铸等丹青高手都寓居芜湖。他们的画风奇崛冷峭，落笔瘦劲简疏，其以点线为主，点线相连兼与块面相接的笔道，正是铁画技法的要旨。可见，铁画之初创实为铁工汤天池和画家萧尺木相互砥砺所催生。这也就给此特异的艺术品类注入了徽派文化的品格，具有新安画派的风格特征。

芜湖铁画以优质的熟铁或低碳钢为原料，由俗称"红炉"的锻炉加热后，再经锻、焊、钻、剪、锉等手工操作制成（图14-2、图14-3）。锻制过程的艺术处理，是按国画章法布局，采用散点透视原理确定画面各个部位及层次，并以各种技法体现国画工、写、皴、描、渲染等笔法。所需器具和设施有红炉、铁砧，各种规格的锤、锉、钻、剪、砂轮、砂纸、手钳、

图14-2 锻打

图14-3 锉削

铁槽、点焊机和各类模具等。

　　铁画的制作通常由个人独自完成，大件则需多人合作。铁画艺人既要有高超的锻技锤艺，还需有较高的艺术素养，要懂得画理，能分析画稿，将本是平面设计的画作理出层次和锻作步骤。锻造时要掌握好火候，体现锤韵，初锻成坯，艺锻成形。每一局部均须与整体形制相适应，达到布局合理，形神兼备。有些部件须准确剪形，为叠形和焊接作准备。叠形须根据部件形状灵活使用正、侧、扒、横等锤艺交替锻打，使具有强烈的立体感。而后，对照原稿用削、锉等技法作进一步的精细加工，达到预期的艺术效果。画稿的设计固然是画作成功的前提，而艺人心力、锤功的高度一致更是给予顽铁以艺术生命的关键。正宗的铁画以锤锻为主业。如艺人们所说，锤底的功夫才是真功夫。大型铁画《迎客松》的锻接须八座红炉同时作业（图14-4），八大锤同时红接，稍有差池，便会功亏一篑。又如大型锻铁书法，有的字高达1.5米，重10余公斤，锻

图14-4 迎客松

时必须掌握刚处苍劲，柔处圆润，点如高山崩石之势，横具绵里藏针之力，竖备行云流水之畅，笔走龙蛇，牵丝飞白，方能大气磅礴，气贯长虹，显示饱满刚劲、古拙凝重而又力透纸背的强烈质感（图

图14-5 郭沫若的题词

14-5）。可见，铁画从设计到制作的完工，是一个复杂的、充满张力的艺术创作过程，自始至终贯穿着艺人的心与力的律动。

铁画画体锻成后，其外还须经防锈处理，然后配以红木或楠木所制边框，以衬底、锦裱衬堂始为成品。经过这样的装裱，形成黑白分明、虚实相衬、苍劲典雅、富有立体感的艺术效果。凝重的黑色、斑驳的锤痕充满阳刚之气，以骨力传神，充分显现钢铁的刚劲和韧性，构成铁画的独特品格，堪称经过千锤百炼才得以成就的绝艺。

乾隆、嘉庆年间铁画已广受青睐，铁工们竞相创制，尤以能诗善画的梁在邦"以文锻画"，成为汤天池之后又一里程碑式的人物。乾隆时进士、后为户部尚书的黄钺《竹枝阁》词称："风卷松涛入梦醒，卧游曾对赭山亭。分明天水明于练，一幅汤鹏铁画屏。"将皖地山水比作汤鹏的铁画屏风。《清朝艺苑》一书称汤鹏"善熔铁作画，梁山舟先生为作歌，和者甚众"。梁本人则在《铁画歌》中赞称："古炭千年鬼斧截，阳炉夜锻飞星裂。谁都幻作绕指桑，巧夺江南钩镍笔。"由此可见铁画传人间惺惺相惜的厚谊，使代复一代的艺人薪火相传，技艺精进。及至光绪年间，因社会动荡、民生凋敝，加之这门手艺只传子息，不授外姓，致一度兴盛的行业日渐式微，唯一专事制作铁画的沈义兴铁花铺也因无子息继承而歇业。

新中国成立后,铁画艺术受到政府和工艺美术行业的重视和扶植。1955年,由时仍健在的铁画唯一传人储炎庆师傅牵头,建立了铁画恢复小组。1956年成立芜湖工艺美术厂,以铁画制作为其主业。通过对艺人和管理人员的培训,员工素质和铁画的艺术品位得到很大提高,品种也日益增多。改革开放后,铁画进一步得到发展,1988年获省优质产品称号,1990年获全国工艺美术百花奖银杯和首届全国轻工业博览会金奖。代表作巨幅铁画《迎客松》陈列于北京人民大会堂会客厅。为庆贺香港回归由安徽省人民政府赠给香港特区政府的《霞蔚千秋》也是芜湖铁画的经典之作。历经50年承传发展,芜湖铁画除传统的尺幅小景、画灯、屏风外,先后创制出立体铁画、盆景、瓷板和搪瓷铁画、彩色铁画、镀金铁画等新品种,现已形成座屏、壁画、书法、装饰陈设和礼品五大系列,年产量达十万件之众,著名艺

图14-6 铁画条屏

术家刘海粟、程十发、范曾、韩美林、黄胄、东山魁夷等都给予很高评价(图14-6)。

三百多年来,铁画艺术传承有序,高手辈出,有史可考者可列谱系如下:

始创者汤鹏、萧云从。

梁在邦,字应达,清宣统年间人,代表作有《山水》和《芦蟹图》,现存芜湖市工艺美术厂。

沈国华(1863~1924),为沈义兴自制铁花铺掌柜。

沈德全(1901~1951),沈国华之子,继承父业至新中国成立前夕仍经营沈义兴铁花铺。

储炎庆（1902～1974），沈义兴铁花铺艺人，芜湖铁画因他的努力而得以延续。由他主持的铁画恢复小组培养了杨光辉、颜昌贵、张德才、吴智祥、储春望、张良华、王仁甫、储金霞等艺人，为储的八大弟子。和储长期合作的有画家王石岑和宋啸虎。

杨光辉（1932～），中国工艺美术大师，代表作有《墨竹图》、书法《涛声》等。

张德才（1934～），工艺美术师，代表作有《高瞻远瞩》等。

颜昌贵（1935～2003），工艺美术师，代表作有《仿古山水条屏》等。

吴智祥（1933～），工艺美术师，代表作有《黄山松云》、《富春帆影》等。

储金霞（1945～），储炎庆之女，工艺美术师，代表作有《鱼水情》等。

张家康（1949～），工艺美术师，代表作有《山湖垂钓》、《六骏图》等。

凌德和（1957～），吴智祥之徒，曾参与制作《黄山天下奇》、《霞蔚千秋》，并独立锻制《黄山奇观》、《童趣》等佳作。

聂传春（1978～），铁画艺术的后起之秀，毕业于安徽师范大学美术系，参与制作《霞蔚千秋》、《松鹰图》等大型铁画。他是已知铁画艺人中学历

图14-7 传艺

最高者，表明在新的历史条件下，铁画艺术的传承已出现了新的可喜的迹象，非正规教育与正规教育并举或相结合应是今后培育传人的一个方向（图14-7）。

随着改革开放的深入和市场经济的发展，制作铁画的企业已由原先芜

湖工艺美术厂这一家演变为十多家工厂和作坊，形成为铁画行业。与此同时，由于社会经济转型和多元文化的形成，芜湖铁画在继承发展上也面临困境。恶性竞争和伪劣品增多使销售缩减，精品制作难以为继。传人老化年轻人不愿从事这行手艺，更使传承链有断裂之虞。

　　面对这种情况，芜湖市已经采取了一系列措施对铁画技艺进行保护。2001年芜湖工艺美术厂自筹资金建立铁画艺术博物馆，收藏了各个历史时期的铁画代表作及珍贵图片，并完成了《芜湖铁画志》的写作。2004年在政府支持下成立了芜湖市铁画研究会，开展学术交流工作，同年获准在芜湖市工艺美术厂设立全国工业旅游示范点，还建立了老艺人工作室，以更好发挥已退休艺人的传帮带作用。

　　2006年6月，国务院颁布了第一批国家级非物质文化遗产名录，芜湖铁画锻制技艺经专家评审和推荐名列其中（编号：389）。为确保这一珍贵技艺在新的历史条件下得到发展和振兴，现已制订了五年保护计划：将采取措施保护身怀绝技的老艺人，在他们指导下建立铁画人才培训中心，培养新一代的铁画精英；对铁画艺术进行全方位的综合性研究，探索进一步发展的道路；在政府有关部门的支持下，申报芜湖铁画的原产地域保护，规范铁画市场，筹建中国铁画艺术博物馆。相信由政府主导，以铁画企业和艺人为主体，通过社会各界的大力支持和合作，芜湖铁画当能得到很好的保护与发展。

结语

传统金属工艺的当代命运

工艺属于技术的范畴。技术是能动的和随时代而更替的，一个时代有一个时代的工艺和技术。现代的冶铁技术不同于近古的，近古的冶铁技术不同于中古的，中古的又不同于上古的。这是历史的必然，不依人的意志为转移，即便是制作艺术品的原材料、工具装备和加工工艺也随时代而变更。

在前现代的漫长历史时期，人们较少自觉的文化保护意识。在我国，重人文轻技艺的文化传统，导致许多重大发明创造不见于史籍或只有片断的记载，例如铸铁柔化术和失蜡法。从20世纪后半叶起，文化保护的重要性、必要性和紧迫性成为国际社会的共识并付诸行动。世纪交替之际，包括传统工艺在内的非物质文化遗产的保护传承提上了日程，影响所及，我国在2003年也启动了非物质文化遗产的保护工程。2006年国务院颁布了第一批国家级非物质文化遗产名录，传统手工技艺加上民间美术类中的雕塑、编织扎制、刻绘共计有137项，占总数（518项）的四分之一，其中金属加工有9项，即本书述及的阳城生铁冶铸、南京金箔、龙泉剑、张小泉剪刀、铁画、苗族银饰、户撒刀、保安腰刀和景泰蓝制作技艺。

长期以来，观念和体制的错位与缺位，使传统手工技艺保护传承被忽视和漠视，甚至无行政主管部门的关注。一些珍贵技艺因得不到保护而湮没失传却无人过问。尽管如此，由于我国幅员辽阔和社会经济发展不平衡，许多传统手工艺仍保存于民间。特别在边远和少数民族地区，有些工艺仍以原生态保存着。随着非物质文化遗产保护工作的推进，已进入名录的传统工艺有望在政府主导下，经艺人、社区、企业、专家的共同努力得到保护，尚未进入名录的也将逐步列入县市级、省级以至国家级名录，作为国家意志、政府行为和民众的自觉行动而得到保护传承。从这个意义上来说，传统手工技艺的当代命运要优于近代和古代，这是时代的进步使然，是值得庆幸的。

当前，非物质文化遗产保护工作才刚刚开始，规范有序和切实有效的保护需一段时间的实践方能逐步实现。在这种情况下，艺人、社区的自觉行动是格外重要的。政府应负领导和保障之责，但不可能也不应包揽一切。创造和传承了传统技艺的艺人和地区，理所应当是保护、传承和发展、振兴的主体。传统手工技艺各有特点，其功用和附存状态不尽相同。因此，它们的保护方式和传承机制也应有所不同。例如阳城生铁冶铸技艺因技术更替和生态保护的需要，以采取记忆性保护的方式为宜。老凤祥金银细金工艺发展趋势良好，应可自主传承。北京通州的花丝镶嵌处于低落和濒危状态，须由政府扶持，逐步实现自主传承。有些已不符合时代要求，势将被新技术所取代，但确具重要历史价值和学术价值的技艺，如云南、四川的石范铸造，作为上古孑遗的活化石，自应得到保护甚至由政府出资予以维护。

关于传统手工技艺的承传，自20世纪50年代以来，由于工业化的推进和社会经济体制的变化，已形成家族传承和社会传承并存亦即非正规教育和正规教育平行发展的新格局。这对传统技艺的保护发展及振兴是一件好事，应大力提倡。长江后浪推前浪，一代更比一代强。近年来，具有大学、研究生学历的年轻人加入传统技艺行列已不少见，还出现在读研究生拜老艺人为师的新鲜事。在职青年艺人也有许多在接受学历教育，以提高自己的文化水平和技能。当既有较高文化程度又有专业技能的一代新人执掌本门行业时，传统技艺发展振兴和开创新局面当是顺理成章、水到渠成之事。

后　记

本书各章节的分工如下：

第一章由招远九曲黄金矿山有限公司供稿。

第三、六章，第二、四、五、七、十三章的部分内容，以及结语、后记由华觉明撰写。

第二、四、五、六章的部分内容和第十二章由李晓岑撰写。

唐绪祥撰写第七章的藏族锻铜技艺部分，并负责潘妙所写北川铁匠及其打铁技艺(收入第四章)和第八章长子响铜乐器锻制技艺部分，以及赵伟所写的第九章统稿。

第十、十一章由吴菁编写。其中，上海老凤祥细金工艺由上海老凤祥有限公司供稿。

第四章中的王麻子剪刀和龙泉剑锻制技艺由北京栎昌王麻子剪刀厂和龙泉市文化局供稿，张小泉剪刀、保安腰刀锻制技艺分别由赵永文、张佩成撰写。

第十三章中的金箔打制部分由南京金线金箔总厂供稿。

第十四章由芜湖工艺美术厂供稿。

全书由华觉明统稿，刘素宁编稿、审校和配图。

本书着重介绍我国现存的传统金属采、冶和加工工艺，作为一种尝试必定有许多不足和不妥之处，诚望读者不吝赐教，给予批评和指正。

华觉明

2007年9月12日